U0141548

十二星座生命之鹽

Relation of the Mineral Salts of the Body to the Signs of the Zodiac

揭開星辰對天生體質的影響，
認識專屬於你的誕生鹽——十二細胞鹽

喬治・華盛頓・凱瑞
George Washington Carey／著
謝汝萱／譯

Star Realm.02

十二星座生命之鹽

揭開星辰對天生體質的影響，認識專屬於你的誕生鹽——十二細胞鹽

原著書名　Relation of the Mineral Salts of the Body to the Signs of the Zodiac
作　　者　喬治．華盛頓．凱瑞　George Washington Carey
譯　　者　謝汝萱
書封設計　林淑慧
特約美編　李緹瀅
特約編輯　洪禎璐
主　　編　高煜婷
總 編 輯　林許文二

出　　版　柿子文化事業有限公司
地　　址　11677臺北市羅斯福路五段158號2樓
業務專線　（02）89314903#15
讀者專線　（02）89314903#9
傳　　真　（02）29319207
郵撥帳號　19822651柿子文化事業有限公司
投稿信箱　editor@persimmonbooks.com.tw
服務信箱　service@persimmonbooks.com.tw

業務行政　鄭淑娟、陳顯中

初版一刷　2025年01月
　　二刷　2025年01月
定　　價　新臺幣380元
I S B N　978-626-7613-11-5

如欲投稿或提案出版合作，請來信至：editor@persimmonbooks.com.tw
FB粉專請搜尋：60秒看新世界

特別聲明：本書的內容資訊為作者所撰述，不代表本公司／出版社的立場與意見，讀者應自行審慎判斷。

國家圖書館出版品預行編目(CIP)資料

十二星座生命之鹽：揭開星辰對天生體質的影響，認識專屬於你的誕生鹽——十二細胞鹽／喬治．華盛頓．凱瑞（George Washington Carey）作；謝汝萱譯. - 一版. -- 臺北市：柿子文化事業有限公司, 2025.01
面；　公分. --（Star realm；2）
譯自：Relation of the mineral salts of the body to the signs of the zodiac

ISBN 978-626-7613-11-5 (平裝)

1.CST:礦物質 2.CST: 維生素 3.CST: 星座 4.CST: 健康法

399.24　　113019322

免責聲明

在健康領域中，不同營養師和醫學專家，觀點亦有所差異。
作者的本意並非提供診斷或處方，而是專注於提供相關資訊，如果您由於書中的資訊而對自身或親友的健康狀況產生疑惑，請直接洽詢專科醫師、順勢療法醫師。
出版社嘗試對本書內容提供最符合原意的訊息，當中若有不精確或矛盾之處，敬請參照本書原文。

好評強推

專文推薦

從多年前接觸身心靈領域開始，順勢療法一直是非常吸引我的主題。

比較深入了解占星學的朋友都知道，每個行星、星座、甚至是相位，都不是只有單一面向，例如火星可以是衝動易怒，也可以是勇敢保護。因此一位火星特質強烈的人，了解自我之後，便可轉化自身的盲點而成為生命的助力。某個角度而言，順勢療法的概念也是如此，不是單純的對抗疾病，而是激發身體的自癒能力，讓健康恢復平衡，身心也更為和諧完整。

很開心凱瑞博士的這本知名著作，終於有了中文版。看似精簡入門，卻可以讓我們結合占星學與順勢療法，深入探尋自我並且藉由礦物質的能量，為身心和諧這個目標找到新的方向。

——艾曼達Amanda，專業占星師、塔羅占卜師

二十世紀初的占星界，開啟了健康占星學的研究，與當時已經成形的自然療法結合起來。此際領銜的著作就是《十二星座生命之鹽》，採取生物細胞鹽的理論，將鹽類礦物質和十二星座對應，成為各種物質配置占星要素的啟蒙和方法根據，這套理論受到廣泛的重視，傳遍了全球占星界。

這本書的原作給予我很多啟發，轉化為我早期教授健康占星學的基礎。原

書關於占星生命之鹽和療癒的資訊，雖在很早也曾傳入華文世界，但至今對大多數讀者來說卻依舊陌生。蟄伏數十年後終於有正式的中文全譯本出版，喜見期待中的經典著作問世，帶給大家仍屬新穎的題材和思路，了解更多星象和全息對應的奧秘，沉浸於占星學的博大精深之中。

——星宿老師（林樂卿）Farris Lin，占星協會會長

我相當認同本書所言，人體各部位體現著完美的組成之道，因此人人生而完整，即使帶有所謂的先天疾病，仍是造物主的巧妙創作。

然而，隨著年齡增長，也許我們會因任何原因，忘卻天生的平衡法則，產生疾病。那該如何調理後天的失衡？

也許在醫療選擇之外，能借助凱瑞博士的礦物鹽研究來進行補充。

十二星座代表十二個月份的自然特徵，以及人體的十二種功能。善用個人星盤中傳遞健康訊息的線索（建議勿僅以太陽星座為判斷），輔以適當的礦物鹽劑量，相信人人都可啟動自癒力，更健康地因應現代生活的高頻振動。

——**愛卡Icka，美國占星研究協會（ISAR）認證占星師（C.A.P.）暨終身會員**

當宇宙星辰的運行與人體內的微妙能量相遇，會產生怎樣的共鳴？

這本書為我們揭開了星相學與細胞鹽之間深刻而迷人的聯繫，將古老的智慧與現代觀念融為一體，為讀者帶來嶄新的洞察。

細胞鹽，也被稱為十二礦鹽，長期以來在順勢療法中被認為是人體健康的基石。每一種礦鹽對應著特定的生理功能，為我們的身體提供維持健康所需的生命能量。而在星相學中，十二星座代表原生個體特質，也與自然界的元素與能量相呼應。

本書作者將這兩個學科巧妙結合，讓我們從一個全新的角度理解人體與宇宙的聯繫。當您打開這本書時，請帶著好奇心與開放的心態，去探索這種造物者設計的奇妙連結。願它為您帶來啟發與平衡，讓身心與星辰同頻共振，步入健康與和諧的新境界。

——楊景翔，羅菲卡創辦人

具名推薦

女巫阿娥，芳香療法與香藥草生活保健作家

魯道夫，AOA占星學院創辦人

蘇飛雅，美國占星協會（AFA）認證占星師、ELLE專欄作家

讀者迴響

★如果你對人體構造、古老療法、受天體影響出生者的黃道特徵，以及懷孕母親或準備懷孕者的胚胎發育感到興趣，那你可能會喜歡這本書……保持開放的心態吧！

★占星學中，人類的藍圖是出生星盤。書中解析了每個太陽星座主導的身體部位，以及特定細胞鹽的缺乏如何導致身體的不平衡，最終引發健康問題。

★當你意識到大型製藥公司並不致力於預防或治癒疾病時，就會感受到這類書籍能幫助讀者了解真正有效的療法，可惜它們往往被西方醫學隱藏了起來。

★裡面有很多真理。

★對於渴望了解什麼是「生命」的人來說，尤其必須閱讀，真心感謝作者！

★這本書的主題應該是一些深刻的神秘知識，因為是早期的書，有些說明跟現在的認知不太同，但整體來說，這些概念很有趣，如果作者能進一步教導如何使用這些資訊的話，這本書將會更完美。

★這是本好書，但它實在太精要了，以至於沒有很好理解，也許需要更多的細節說明。

★我必須說我很感興趣，但不能只停留在這本書上，可能還要搭配閱讀煉金術的書，我在三十分鐘內讀了這本書四遍！我要向所有人傳達的訊息是——永遠保持開放的心態，並有意識地嘗試去理解這一切背後的哲學。

★有在服用細胞鹽的人一定要來看看這本書。

PART III

最偉大的智慧大師

特別收錄／凱瑞博士的詩

前　言

人類的無價之寶

完美地供應正確的化學元素，代表能使細胞完美、大腦完美、思緒完美、行動完美。

這種完美——就是神人！

喬治．華盛頓．凱瑞博士的小書《十二星座生命之鹽》迄今已多次出版，但我一直到一九〇六年，才首次真正擁有這本書，求知若渴的我迫不及待地一口氣讀完。

對我來說，這本書是非常實際的食糧，逸趣橫生，我馬上就相信它對人類而言是無價之寶。一年又一年過去了，持續的經歷與深入的研究工作，帶來了決定性的證據，讓我領悟到並深信著，在不久的未來，凱瑞博士就能受封為世上最偉大的智慧大師之一。

在這個物質至上的混沌時代，他的發現與出版品是一把珍貴無比的鑰匙，開啟了通往身心健康的大門。只要充分了解並運用這把鑰匙，就能完成讓人類再生的生理化學過程。

這意味著，身心將從衰弱、疾病、不快樂、死亡，緩慢但穩定地轉變到「完美」的光輝燦爛狀態，那是每個人與生俱來的資產。《聖經》的諭令由此

得以圓滿：「所以，你們要完全、像你們的天父完全一樣。」（《馬太福音》5：48）

大多數人聽到上述的聲明都會感到訝然，甚至震驚，但這是我十五年來勤奮研究與體驗的結果。

我會做出上述的聲明，也是基於本分，以及協助人類的一片誠心。但還有另一個更強力的理由——

太陽系即將在時代的循環中，再度進入水瓶座，即人子的星座，深知宇宙真理或略窺其堂奧的人，都必須書寫及傳述這個時代，並生活在其中。

。✶。✶。✶。

水瓶座是人道主義或人性的星座，天王星（的振動）是黃道帶上這個星座的主宰行星，而黃道帶是太陽系的路徑。

由於這是真理的時代，因此，信守並維護真理的人，就是與自然之道和諧共處，至於那些反其道而行的人，則會訝異自己竟然無法發達富足，也就是無法輕鬆應付生活所需且身心安逸。

唯有真理才重要，輿論微不足道。凱瑞博士並不關心後者，他是破除迷信的人。

無論人們接不接受，他都覺得自己有責任提出科學聲明來支持真理。

我的方法（和目標）與他一致。我的志向則是昭告自己所相信的事實，並證明其為真。

因此，請仔細且認真地聆聽以下應以火烙印的聲明：

如果不透徹理解生理化學（physiological chemistry），就不可能知道並實行達臻完美的必要過程。威廉．舒斯勒（William Schuessler）博士在《醫學的生化系統》中便闡明了這一點，凱瑞博士在他對生物鹽與十二星座的配對上，更提出了理解生理化學的完美鑰匙。

對我來說，前述聲明的真相，就跟「我活著、存在並活動」一樣千真萬確。我希望大力強調這一點，讓它永遠銘印在讀者心中。

舒斯勒博士提出的系統，是唯一真正的醫學體系，因為他的療法能為血液供應必要的成分。《聖經》的內容最能表現出這個偉大的化學事實：「因**為活物的生命是在血中，我把這血賜給你們，可以在壇上為你們的生命贖罪。因血裡有生命，所以能贖罪。**」（《利未記》17：11）

血液是活物的生命之源，由此可知，因為人是三位一體（身、心、靈），人的肉體本性、狀況、健康，也會決定著靈魂的本性、狀況、健康，兩者息息相關。

「贖罪」（atonement）一詞意味著「合一」（at-one-ment）或和諧。

如果血液的化學組成完美，那麼構成靈魂的大小神經分支與腺液，也會變得完美。只有當血液的化學組成完美，本來屬於神力範圍的大靈（Spirit），才能進入人體，因為「同類相吸」。

舒斯勒的生化研究，讓我們體認到上帝這個宇宙的偉大化學家暨建築師，是如何以不同類型的物理或基礎物質，打造通往大靈（即生命）的媒介。

物理或基礎物質有所匱乏時，靈的顯化也不會完美。匱乏，表示有病在身、不安適、不和諧、不完美。

休眠、不健康或不完美的腦部細胞，無法建構出有效率的大腦。腦細胞的性質與條件，關乎著人的思考能力，因為構成思維機器的就是這些細胞，它們的條件完全決定著思維的性質與價值。

這說明了為何人世會有種種紛擾、罪惡、疾病、死亡、不幸、瘋狂、恐懼、懦弱、不積極、意見分歧、國家與種族的戰爭。

。✶。✶。✶。

每個人都是各種振動交感或凝聚的結果，那是我們來到人世的那一刻，大自然的一切總和。

確實是那一切使我們得以出生。那一刻顯現的某種振動率，產生了相應的結果。

「人種的是什麼，收的也是什麼。」栽種與收成，收成與栽種，構成了生死的循環。如果我們不對自己的生命型態負責，就無法理解自己為何吸引來那種死亡形式。

如此說來，由於吸引力的振動法則，生命在自我輪迴時會轉生到此一法則所決定的環境與條件下，這不是很合理的事嗎？否則，正義就不會存在了。正義是依天道而行，是對天道的理解、表現或實行，即為所應為，因為那才是最佳辦法。

希臘神話形成了希臘人的神聖與奧秘文學，我從神話中發現了這段似乎完美契合著前述聲明的描述：「安菲翁以琴聲（里拉琴是頭部的某個不可思議的器官）施法（產生和諧的振動），來挪動石塊（礦物元素），與建了底比斯（人的頭部）的城牆。」

這則神話詩意地描述了頭部做為人體之始，是如何依振動法則而形成，礦物原子是依照這種法則凝聚並形成細胞。「底比斯」（Thebes）意指頭部，本來是生理學名詞。

單是證明礦物鹽「磷酸鉀」在化學上與大腦（頭部的最高部分）有關，就足以使凱瑞博士獲得最高榮耀與恩典，願他名留青史。

這種鹽是一種動態物質，能產生靈性電力，將生命賦予物理形體——而這僅是他驚人的生物鹽與十二星座配對之一。

占星學是所有宏觀與微觀宇宙、寰宇與人世知識的綜合，向我們透露了磷酸鉀為何是牡羊座的誕生鹽。至高真神透過這種物質顯現在人身上，是人以神的外形實際生活的根源。如果腦脊髓神經中蘊含磷酸鉀，人體就會散發出活力或生命力。單是這種物質就足以餵養靈智之光（大靈或天父），如果含量充沛、足夠，那靈智之光就會明亮地綻放。

因此——完美地供應正確的化學元素，代表能使細胞完美、大腦完美、思緒完美、行動完美，這種完美——就是神人！

我要發自內心深處，向凱瑞博士提出的前述概念，表達永久的謝意，他為知識的陰暗角落投下了化學之光。

。✶。✶。✶。

讀者們，真理就是人生的活水！願你飲入內心，開始學習如何長命百歲！

「但忍耐也當成功，使你們成全、完備，毫無缺欠。」（《雅各書》1：4）

——伊內茲．尤多拉．佩里

PART I

人體完美的
組成之道

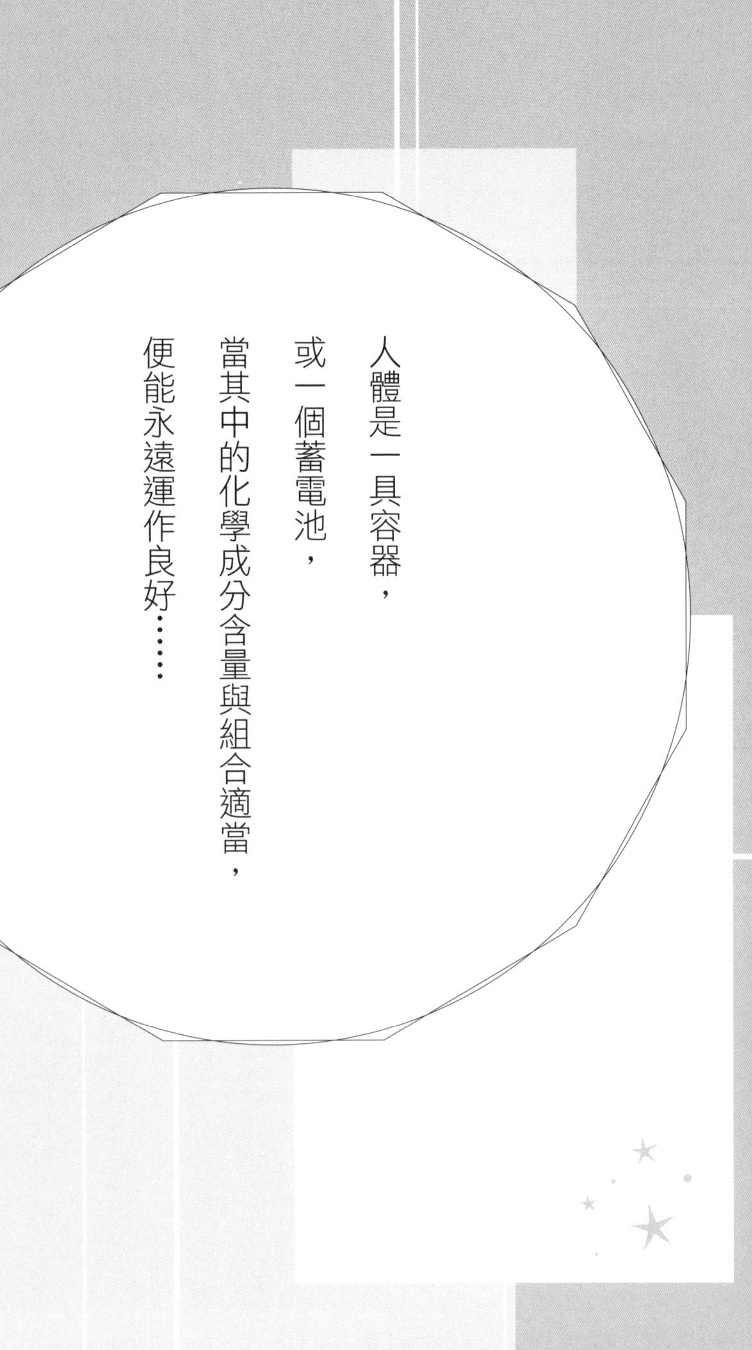

人體是一具容器，
或一個蓄電池，
當其中的化學成分含量與組合適當，
便能永遠運作良好……

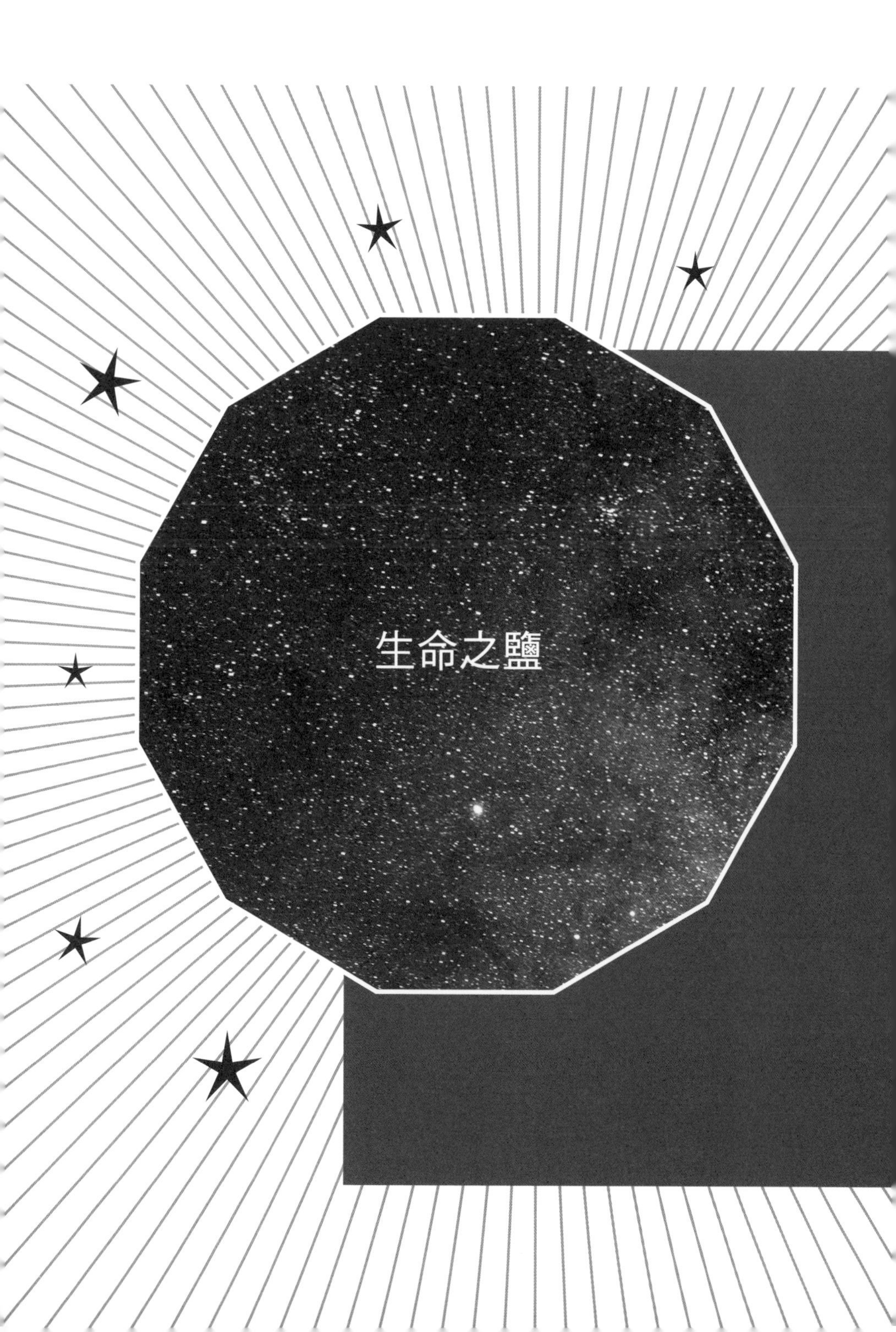
生命之鹽

在受陰影覆蓋的地方引進光，或許便能去除陰影。

酸鹼發揮作用，
前進並再度活動，
運作、轉化、激盪，
在痛苦的掙扎與痙攣中結合、反應、創造，如靈魂「從杖下經過」。
有人稱之為化學，
有人稱之為上帝。

生物化學意指生命的化學，結合無機物與有機物，以形成新的化合物。這個體系在與所謂疾病的關係當中，會使用到「無機鹽」，又稱為「細胞鹽」或「組織建構素」。

人體各部位體現著完美的組成之道，亦即氧、氫、碳、鈣、鐵、鉀、鈉、矽、鎂等的組成。這些元素、氣體本身就很完美，而彼此的組合更是無止無盡，就像建材中的板、磚、石一般。

化學成分除不掉陰影，就像你無法以毒攻病。

兩者都去除不了病因，但可以補充不足——

在受陰影覆蓋的地方引進光，或許便能去除陰影。

食物中的化學成分充足時，身體症狀（又稱疾病）便會消失或不再顯現。

。✦。✦。✦。

人體是一具容器，或一個蓄電池，當其中的化學成分含量與組合適當時，便能永遠運作良好，就像車子啟動或發動的原料皆齊備，便能馳騁千里。

食物中皆含有細胞鹽，並在食用後進入人體的血液，驅動生命歷程，在化學親和性的法則下，保持人體外觀、肉體機能，使其堅實飽滿。

要是沒有吸收食物，導致任何上述成分不足，肝臟運作或消化不良時，身體就會開始形銷骨立。

疾病也是維持生命之化學的某些化學成分不足的結果，但疾病本身不是某種實體。

既然疾病不是實體，而是因為血液缺乏某些無機成分所造成的狀況，那麼由此可知，適當的療法便是供應血液缺乏的成分。治療疾病時，使用任何非血液所需要的成分，都是不必要的。

分析化學家查爾斯·W·力托菲德（Charles W. Littlefield）博士說：

這十二種礦物鹽是身體器官與組織名符其實的物質基礎，對結構與機能活動的健全而言至關緊要。

實驗證實，如果這些鹽在循環全身的體液中比例不當，細胞組織便會迅速瓦解。維持正確比例，則能確保細胞組織健康成長，永保如新。

因此，這些礦物鹽是所有療癒的實質基礎。不論是哪個學派，如果血液與細胞組織中缺乏這些成分，要治癒所謂的疾病就是天方夜譚。

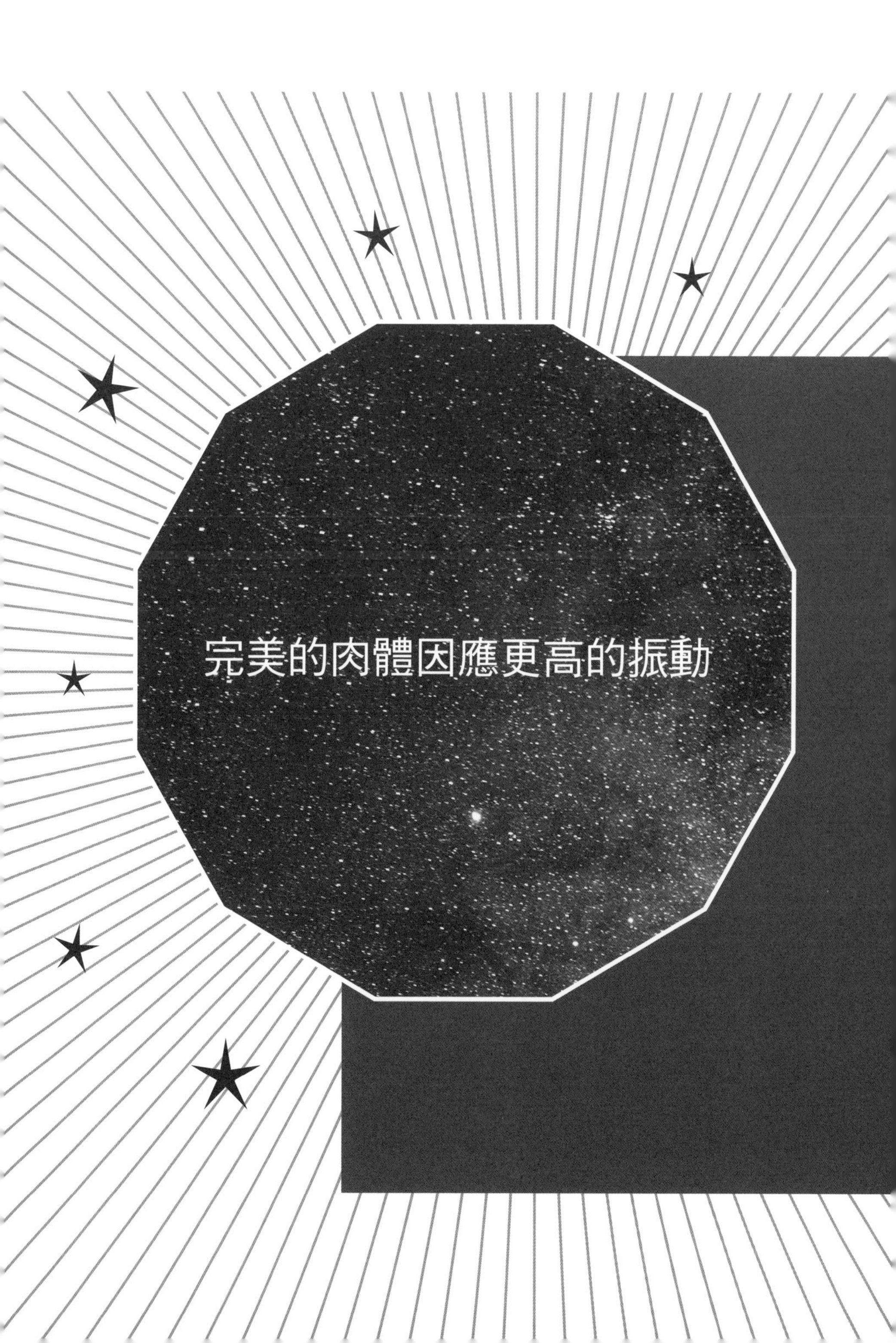
完美的肉體因應更高的振動

我們應在攝取健康的食物時，也攝取組織細胞鹽，才能使人體從不健康變得健康，同時保持血液振動速率永遠契合健康的調性。

在這個活力充沛的重建時代，上帝的創造組合正於新時代之初形成一個新種族，所有渴望肉體再生的人，都應該盡一切能力所及，設法建立新的細胞組織、神經液、腦部細胞，才能夠名符其實地以「新瓶裝新酒」——因為人人都知道，《聖經》中的「酒」用來描述人時，其實是指血。它也意味著樹汁與果菜的汁液。

耶穌到加利利的迦拿參加婚宴時化酒為水的寓言，實際道出了人類有機體在每個心跳中發生的過程。

「加利利」代表著水或液體的循環，即循環系統。「迦拿」代表分流的地方，即肺部；在希臘文中，迦拿（Cana）意指「蘆葦之地」，表示隨著聲音振動的肺部細胞。

生物化學家證實，食物不會生成血液，但只要食物中的所有無機鹽或細胞鹽獲得釋放，便能形成血液的礦物質根基。食物中的有機成分，如油、纖維蛋白、蛋白等，則會在腸胃道的消化或燃燒下產生動能，以驅動人體機器，並將空氣吸進肺部，使其進入血管（即空氣載體）。

因此，他們清楚證明了，空氣（靈性）能結合礦物質形成血液，這顯示血液中的油、纖維蛋白等，是隨著每次呼吸在「加利利的迦拿婚宴」中產生。

空氣在迦拿婚宴中是水或純海水，亦即聖母。由此可知，水是如何時時刻刻地轉化為酒，即血液。

在這個新時代，我們需要完美無瑕的肉體來因應更高的振動或新血液的流動，因為「舊瓶（肉體）裝不了新酒」。

另一段同樣表現出這個真理的《聖經》比喻是這麼說的：「我又看見一個新天新地。」

亦即新的心靈與身體。

詩人華特・惠特曼（Walt Whitman）將生物化學表達得很好：「**我要協助倒下的病人，更要為強壯直立的人提供更多必要的協助。**」

嘮叨、易怒、急躁、無精打采或容易消沉等，都是胃、肝、腦部的液體並未以正常速率振動的初步證據；唯有這些液體的振動速率正常，人體才能夠達到平衡或健康。

健康不能以良好或不良來衡量，只有健康或不健康、無疾病或有疾病。我們不說病得好或不好，只說有生病或沒生病。

一旦身體的細胞鹽分量足夠、組合適當並經由食物攝取，不僅能治癒疼痛或不當的滲出，更能形成血液，實際化為健康的體液、肌肉及骨頭組織。

我們應在攝取健康的食物時，也攝取組織細胞鹽，才能使人體從不健康變得健康，同時保持血液振動速率永遠契合健康的調性。

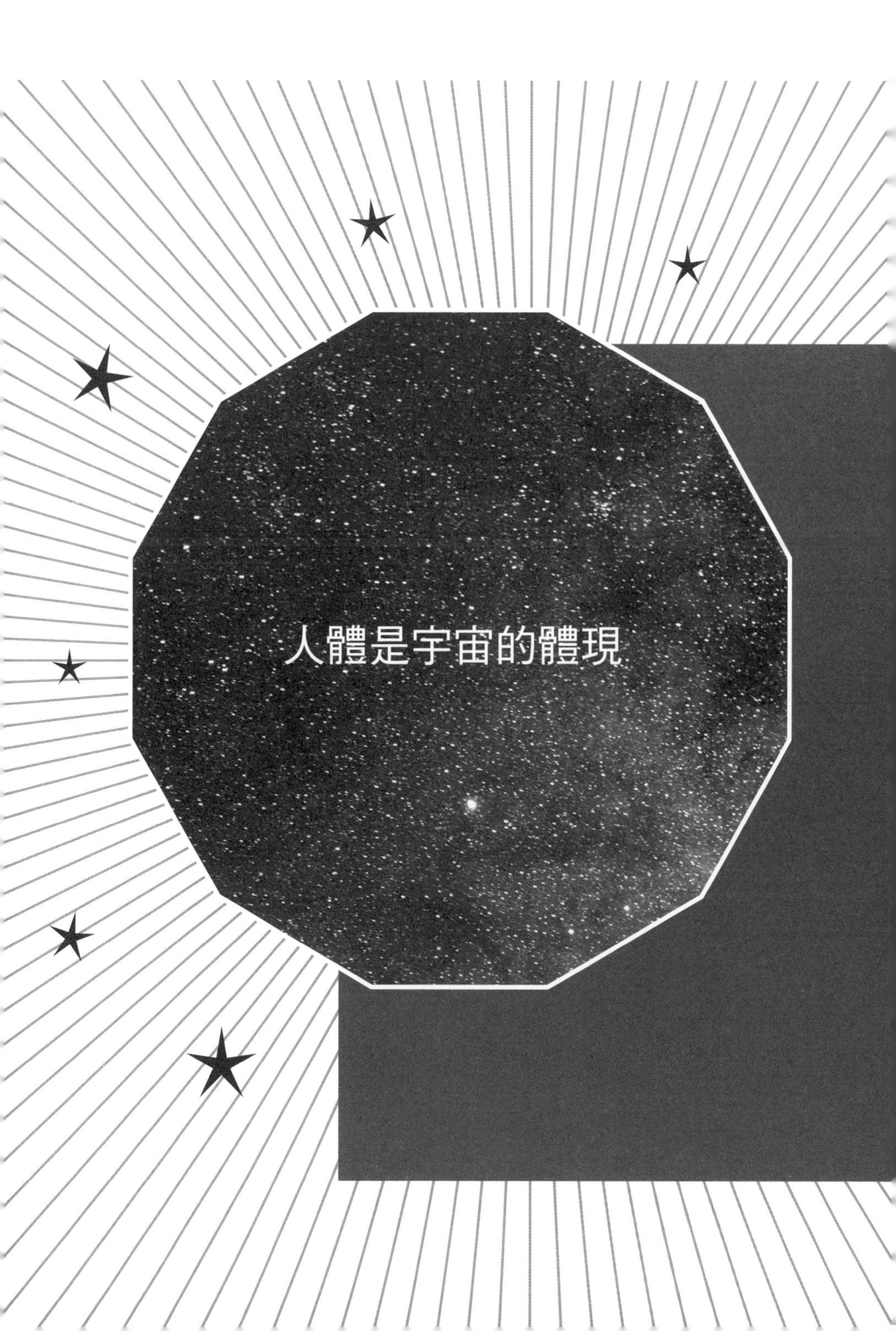
人體是宇宙的體現

人體便是宇宙的體現。黃道帶上的十二個星座，對應著身體的十二種功能，以及出生時的太陽所在位置。因此，符合一個人的星座及身體功能的細胞鹽，會比其他細胞鹽吸收得更快；稍微多攝取一點細胞鹽，則能補足那一刻的太陽影響力所造成的匱乏情況。

顯微鏡增加了視網膜細胞的活動率，使我們看見了在視覺細胞的自然振動率下，所看不見的東西。藉由供給血液更多的動態分子（鈣、鉀、鈉、鐵、鎂、矽等礦物鹽或細胞鹽）以增加腦細胞的活動率，我們的心智就能夠看見比較低的自然活動率所感受不到的真相——雖然較低的活動率也能顯現出一般的健康。

自然人或自然物，必須從自然層次提升到超自然層次，才能領悟那個尚待太陽神經叢上方的區域認可的新概念。

換句話說，要提升到動物或自然人的層次之上。

如果要達到陽極或陽性的存在，就要從太陽神經叢下方的塵世動物慾望，「提升」到松果體的運用；而松果體連接著小腦（靈性自我的殿堂）與視丘（第三隻眼）。

數百萬個蟄伏的腦細胞，透過這種再生過程復甦並運作，然後人就不再需要透過「陰暗的玻璃」看人事物，而能以靈性智慧之眼來看世界。

對於反對將化學連上占星學的人，作者要提出以下聲明：

宇宙法則絕不會受無知個人的負面言論所干擾。無論他們說了多少「我無法理解星座和人體的細胞鹽有何關係」的風涼話，自然現象的調查者仍然會深入挖掘真相。

這些門外漢「無法理解」的原因其實只有一個：那就是他們從來不試著去理解。

只要拿出耐心，稍微認真地研究，就能開通任何智力普通之人的領悟力，充分展現出「宇宙」的偉大真理：

至一之詩（UNIverse）。

由此自然會知道，一樣事物的所有部分，都是牽一髮而動全身的。

人體便是宇宙的體現。

黃道帶上的十二個星座，對應著身體的十二種功能，以及出生時的太陽所在位置。

因此，符合一個人的星座及身體功能的細胞鹽，會比其他的細胞鹽吸收得更快。

而稍微多攝取一點細胞鹽，則能夠補足那一刻的太陽影響力所造成的匱乏情況。

礙於篇幅的限制，本書僅能夠稍微描述人類如何覺醒並且獲知偉大奧妙的真理。

然而，以下這段來自印度的文字，指出了新思維的時代趨勢：「凱瑞博士不遺餘力地鑽研療癒藝術的領域，成就斐然。他對星座細胞鹽的發現，為療癒藝術的起源增添了新的一頁。」史瓦彌納塔・波米亞（Swaminatha Bomiah）科學博士在《自我修養》雜誌的一篇文章中如此說道，該雜誌印行於印度馬德拉斯市[1]。

[1] 今日的清奈。

PART

II

十二星座的
細胞鹽

符合一個人星座及身體功能的細胞鹽，
會比其他細胞鹽吸收得更快，
稍微多攝取一點細胞鹽，
能補足那一刻太陽影響力造成的匱乏！

♈

牡羊座

03.21- 04.21

「上帝的羔羊」

· 誕生鹽 ·

磷酸鉀

從生命化學的原理中，我們發現名為「磷酸鉀」的礦物鹽，是腦部或神經液體的基礎——是物質表現與理解的化學基礎。而牡羊座又稱「上帝的羔羊」或「迦得」，代表頭腦。

占星學家多年來都等著發現主宰人腦或頭部的行星，在這位天之「大人」（Grand Man）[2]中，與三月二十一日至四月二十一日的牡羊座相對應。

牡羊即公羊或羔羊。

行星角度造成了種種後果或影響。

中世紀的神職人員希望掌控無知的大眾，所以將行星相位、位置、角度的影響擬人化，並將「角度」（angle）改拼成「天使」（angel）——教會主義的大騙局，就是建立在這個「一字之差」上。

教會的假道學，是如此地深植人類的腦海；在新行星到來的幾年之前，地球住民的腦細胞受到行星角度（影響力）增加的干擾，這難道會是一件奇怪的事嗎？

其實那就像即將來臨的暴雨會干擾氣象臺的流體與機制一般。

這幾年來，每個街角都在傳誦基督與世界末日的到來，數以千計的人、甚至數百萬人，都立誓要以基督為人生榜樣，或是依照他們對基督生平的理解來生活。沒有科學的因，人們就不會出現如此大規模的行動。

視丘就是牡羊星

視丘（optic thalamus）意指「室內的光」，亦即位在頭部中央的內在之眼或第三隻眼。

視丘連接著松果體與腦下垂體。視神經就是起自這隻「瞭亮的眼」，「你的眼睛若瞭亮，全身就光明。」

視丘就是牡羊星，當它透過肉體再生而完全發育的時候（見《神人：道成肉身》），能讓人擺脫太陽神經叢下方的塵世動物慾望，藉由連接著小腦（靈性自我的殿堂）與視丘（第三隻眼）的松果體來揚升。

透過這種再生過程，數百萬個蟄伏的腦細胞會復甦並運作，從此，人就不再需要透過「陰暗的玻璃」看世間的人事物，而能擁有一隻靈性智慧之眼來看世界。

我大膽預言，這顆對應著視丘活動的行星，不久便會升入九天。

「新秩序來了。」

牡羊座的誕生鹽

在古代智慧中，牡羊座又稱為「上帝的羔羊」或「迦得」（Gad），代表頭部或腦部。

腦部掌控並指揮著人的身心。

然而，腦部本身也接收著天體的影響或角度（天使），必須依其力量來源的指導或智慧來運作。

人的理解力不夠，是因為其腦部接收器並未對特定的細微影響產生振動。

神經灰質中的動態細胞並未經過微調，所以無法反應；所謂的罪，亦即理解力不足，便是由此而來。

從生命化學的原理中，我們發現名為「磷酸鉀」的礦物鹽，是腦部或神經液體的基礎。

所謂的「罪」，就是指腦部組成的成分不足，所以才會缺乏判斷力或適當的理解力。

隨著牡羊天君、上帝或牡羊星的到來，細胞鹽會迅速成為人們的焦點，構成治療的基礎。

磷酸鉀是人們所知的最強大的療癒媒介，因為它是物質表現與理解的化學基礎。人類有機體的細胞鹽如今已準備好被使用，世界各地的人們都逐漸捨棄了對人體有害無益的藥物。

磷酸鉀，是專屬於出生於三月二十一日至四月二十一日者的誕生鹽。牡羊座善於動腦，個性認真，也很有執行力與決心，所以通常很快便會耗盡了腦部的活力。

牡羊座的代表物

牡羊座是火象星座。

牡羊座的寶石

紫水晶、鑽石。

牡羊座的星體色

白、粉紅色。

《聖經》鍊金術

牡羊座代表雅各的七子「迦得」，其名字意指「裝備周全」，因此，據說陷入麻煩或危險時，能「保持頭腦冷靜」。

《新約》的象徵體系

牡羊座對應著耶穌門徒「多馬」（Thomas）。牡羊座的人天性多疑，除非能想通道理何在。

---

2 出自神學家伊曼紐·史威登堡（Emanuel Swedenborg）十八世紀中的著作《天國的奧秘》。「大人」意指「上天」（Lord's heaven），為將天擬人化的概念，而占星學認為，星座與人體部位有對應關係。

♉

金牛座

04.21- 05.21

「黃道帶上的翼牛」

· 誕生鹽 ·

硫酸鈉

鈉的硫酸鹽即「硫酸鈉」，在化學上符合金牛座人的身心特性。金牛座的代表是小腦或下腦部，以及頸部，血液中的硫酸鈉不足，總是無一例外地顯現為後腦疼痛，有時會沿著脊椎而下，影響肝臟。

土是空氣的沉澱

古代人不是「原始人」。從來沒有所謂的第一個人類或原始人存在。人是永恆的實在，也就是真理。真理永遠不需要開端。

尼尼微的有翼之牛，象徵著「物質是空氣的實體化」這條偉大的真理，**一切所謂的實體物質，都能化為空氣。**

金牛座是土象星座，但土（靈魂）是空氣元素的沉澱——

金牛座時代（四千多年前）的科學家明白這個化學事實，因此他們雕刻出了那個星座的有翼象徵。

出生於四月二十一日至五月二十一日的人，既能夠深入物質，也可以高升到金牛座詩人艾德溫・馬克姆（Edwin Markham）筆下的——「金牛盤旋的天上」。

沒有人能比這位著名的金牛座詩人更能表現出靈性概念如何展翼飛翔：

那願景留心等待著，
賢人啊！你必須將它帶下來，
將空中的新共和國帶下塵世，
使它成為地球的根基。

空氣是血液的「原料」，當空氣被人體吸入，或說被這「無限鍊金師」吸進血管中，它會結合賢者之石、礦物鹽，在人體實驗室中創造出血液。

由此來看，血液是生命的精華，是「諸神的靈液」。

金牛座的誕生鹽

鈉的硫酸鹽即「硫酸鈉」，在化學上符合金牛座人的身心特性。

金牛座的代表是小腦或下腦部，以及頸部。血液中的硫酸鈉不足，總是無一例外地顯現為後腦疼痛，有時會沿著脊椎而下，影響肝臟。

金牛座人如果有因為細胞鹽不足而產生的疾病症狀，那第一個原因往往是硫酸鈉不足。

硫酸鈉的主要作用是消除體內多餘的水分。

天熱時，大氣會飽含水分，並經由肺部吸進血液中。金牛座鹽的分子所擁有的化學力量，能夠負載兩個水分子，並將之帶出身體系統。

血液不會因為我們喝下的水而充滿過多水分，那些多餘水分，是來自大氣中的濕氣，是河水、湖水、沼澤等在超過攝氏二十一度的陽光下，蒸發到了大氣中。

要讓血液更有能力擺脫多餘水分，就需要更多的硫酸鈉。

至於所有肝膽或瘴氣問題，則大部分都是硫酸鹽不足所造成的化學後果或影響。

受寒與發燒是大自然擺脫多餘水分的方法，透過激烈的肌肉、神經、血管痙攣，將水分從血液中擠出。

若血液中的化學成分適當平衡，就不會發生任何「寒顫」或發冷的情況。

金牛座的代表物

金牛座是土象星座。

金牛座的主宰行星

金星。

金牛座的寶石

水草瑪瑙、翡翠。

金牛座的星體色

紅、檸檬黃色。

《聖經》鍊金術

金牛座代表雅各的八子「亞設」（Asher），意指獲得祝福或幸福。

《新約》的象徵體系

金牛座對應著耶穌門徒「達太」（Thaddeus），意指堅定或接受愛的引導。

♊

雙子座

05.21- 06.21

「善於表達的雙胞胎」

・誕生鹽・

氯化鉀

「氯化鉀」分子，是生命化學用來將纖維蛋白建構成人類有機體的主要媒介。我們的臉部皮膚、包含做表情所需要的皺紋與角度，使人與人之間有所不同；而這種纖維蛋白的生成素，即氯化鉀，便是雙子座的誕生鹽。

雙子座的誕生鹽

雙子座的一個主要特徵是善於表達。

細胞鹽「氯化鉀」是血液的礦物作用素，能形成纖維蛋白，並適當傳遍全身組織。這種鹽絕對不能與「氯酸鉀」混為一談，後者有毒（化學式是$KClO_3$），氯化鉀的化學式則是KCl。

氯化鉀分子是生命化學用來將纖維蛋白建構成人類有機體的主要媒介。臉部皮膚包含做表情所需要的皺紋與角度，使人與人之間有所不同；而這種纖維蛋白的生成素，便是雙子座的誕生鹽。

靜脈血中，有千分之三是纖維蛋白。當氯化鉀分子掉到了標準值以下時，血液中的纖維蛋白就會變得濃稠，造成人們所知的肋膜炎、肺炎、黏膜炎、白喉等。

當身體循環無法透過腺體或黏膜，將濃稠的纖維蛋白排出時，可能會使心臟停止跳動。「embolus」（血栓）在拉丁文中意指小腫塊或小球，因此，死於血栓或「心臟衰竭」，通常是指纖維蛋白的小腫塊堵住心室，造成心臟停止活動。

當血液中含有適量的氯化鉀時，纖維蛋白就能發揮機能，上述症狀就不會出現。

雙子座的代表物

雙子座意指雙胞胎，是風象星座，也是統管美國的星座。

雙子座的星體色

紅、白、藍色。

製造美國第一面國旗的人選擇顏色時，本身對占星學一無所知，但天道發揮了意志，給予了美國「紅、白、藍」的色彩。

雙子座的主宰行星

水星。

雙子座的寶石

綠柱石、海藍寶石、深藍色石子。

《聖經》鍊金術

雙子座以雅各的九子「以薩迦」（Issachar）為代表，其名字意指代價、報酬、補償。

《新約》的象徵體系

雙子座對應著耶穌門徒「猶大」（Judas），意指服務或必然。由於黑暗時代的無知教士僅從字面解釋「服務與必然」的鍊金術象徵，概念上的扭曲使得猶大臭名昭著，但在當前的水瓶座時代，我們將善加理解猶大的象徵，這位象徵「服務」的門徒也就不再需要接受「嚴刑逼供」了。

♋

巨蟹座

06.21- 07.22

「母親的乳房」

・誕生鹽・

氟化鈣

不管是哪個星座的人，只要他們出生的時候，火星或水星（或兩者）位於巨蟹座，就都可能會有缺乏氟化鈣這種細胞鹽的情況，但是，太陽星座是巨蟹座的人，會比其他星座的人更有可能出現缺乏這種彈性纖維建構素的症狀。

母性的星座

巨蟹座是黃道帶上的母性星座。

母親的乳房是靈魂化為肉體、「揭開伊西絲面紗」[3]後的第一個家。

蟹的抓力，以及把家帶著走，好確保自己有個避風港的特性，充分展現出六月二十一日至七月二十二日出生的人，對家或住所的執著。

巨蟹座的誕生鹽

十二星座的「角度」（或天使），將各個星座的活力實際縮影在人類的身上。

透過化學運作、能量創造，神聖物質的有情分子構成了「道成肉身」。

被醫藥界稱為「氟化鈣」的無機鹽，是蟹之化學的基石，這種無機鹽是氟與鈣的結合。

當血液缺乏氟化鈣這種細胞鹽的時候，就會造成身心疾病（不安適，not-at-ease）。

彈性纖維是氟化鈣與類蛋白的結合，不論是在橡膠樹或是人體之內，皆是如此。

細胞組織的所有擴張情況（靜脈曲張與類似病痛），皆是因為缺乏充足的彈性纖維，導致它無法以橡膠般的張力來防止擴張。

腦的上下部（大腦與小腦）之間的膜組織缺乏彈性纖維時，會造成人體機器運作的正負動能桿「塌陷」。

要判斷是否有這種不足，一個萬無一失的徵兆或症狀，是對財務困境沒來由地恐懼。

話說回來，其實不管是哪一個星座的人，只要他們出生的時候，火星或水星（或兩者）位於巨蟹座，就可能會有缺乏氟化鈣這種細胞鹽的時候。

不過，太陽星座巨蟹座的人還是比其他星座的人更可能出現缺乏彈性纖維建構素的症狀。

那麼，我們為何要尋找拉丁文或希臘文名稱，來描述血液中某些礦物成分不足的結果？

如果我們發現有一根肉中刺，會用最淺白的話語來表達，而不會說「我被briatitis或splintraligia刺到了」。

醫學無知者使用無人知道其真正意思的名稱，畢恭畢敬地將症狀擬人化，當我們明白那些症狀其實是因為血液中的細胞鹽不足後，就能知道如何從科學著手，以永恆不變的生化法則來治療了——

一旦得知了疾病的起因，預防疾病便指日可待。

隔離所、消毒劑，或是地方衛生委員會，並無法使人達到引頸企盼的健康完滿。

就算健康無虞，百病不侵，也無法使身體再生。

任何飲食、禁食、細嚼慢嚥，或是刺激，也都沒有辦法讓人發現長生靈液與賢者之石——「賢者水銀」4與「隱藏的嗎哪」5，都不是健康飲食的成分。

鹽浴與按摩會使人成為早禿的受害者；酒精、蒸氣浴、土耳其浴，則是使人早夭的魔鬼。

「塵世榮耀，就此消逝。」

人體的化學組成圓滿時，心靈就能完美運作。

巨蟹座的代表物

巨蟹座是水象星座。

巨蟹座也代表母親的乳房。

巨蟹座的寶石

黑瑪瑙、翡翠。

巨蟹座的星體色

綠、赤褐色。

《聖經》鍊金術

巨蟹座代表雅各的十子「西布倫」（Zebulum），意指住所或住宅。

《新約》的象徵體系

耶穌門徒的巨蟹座代表是「馬太」（Matthew）。

3 表示揭開大自然奧秘。

4 鍊金術中以水銀為溶液的提煉物，做為賢者之石的材料，而賢者之石又可用來做出長生不老藥。

5 瑪哪（manna）是《聖經》中神給予出埃及的以色列人的食糧，後人將剩下的瑪哪放進法櫃，便成為「隱藏的瑪哪」，比喻得永生者的食糧。

♌

獅子座

07.22- 08.23

「黃道十二宮的中心」

· 誕生鹽 ·

磷酸鎂

體內的所有血液都經過心臟；脈搏是心跳的反射，象徵著獅子座的衝動特性。

獅子座人的血液消耗其誕生鹽「磷酸鎂」的速度比其他鹽類更快，因此時常缺鎂。

太陽洋溢著無窮的神聖能量，是永遠過濾並向萬物散播「長生靈液」的「大鍋」。

獅泉的脈動

太陽在七月二十二日至八月二十三日經過獅子座。

在這段期間出生的人，接受著「大人」^P56v或「天獸界」（Circle of Beasts）6 的心臟振動或搏動。

體內的所有血液都經過心臟，因此，獅子座的人接收著大「鍊金瓶」（亦即「天之子」）的每種特性與可能性。

脈搏是心跳的反射，象徵著獅子座的衝動特性。

獅子座的誕生鹽

天文學家能夠以數學完美無瑕的法則來解釋太空、比例，以及迄今發現的宇宙機器齒輪，這讓他們在拿起望遠鏡確認之前，就可以事先判定某顆星球的位置。

因此，天文生理學家也知道，一定有某種血液礦物與組織建構素，對應著黃道十二宮的實際角度（天使）。

在生理化學療法的領域當中，「磷酸鎂」這種細胞鹽能夠治療所有痙攣衝動症狀。

這種鹽能補充不足的作用素或建構素，使人回復正常狀態。缺乏肌力或神經活力，表示心臟所需的細胞鹽磷酸鉀運作不良，磷酸鹽能為那搏動著流經心臟的血液帶來「獅泉」或衝動。

獅子座是由太陽主宰，這種星座之子天生就崇拜太陽。

正常來說，黃金必須融入小比例的其他成分或是基本金屬，才能夠用來對外販售。

同樣的，「俄斐的金」（即陽光或太陽的振動）必須含有高成分的天然鹽、鎂，才能供身體機能使用。

因此，透過無機物（礦物、水）在有機物（陽光、以太）中的化學作用，才能使易揮發之物固定下來——

這便是道成肉身的由來。

獅子座人的血液消耗其誕生鹽的速度比其他鹽類來得更快，因此，他們時常缺鎂。

天然鎂因為太粗，無法被細緻的黏膜吸收體帶入血液。

鎂一定要依生化方法製作，才能被血液吸收。

獅子座的代表物

獅子座是火象星座。

獅子座的寶石

紅寶石、鑽石。

獅子座的星體色

紅、綠色。

《聖經》鍊金術

獅子座以雅各的十二子「底拿」（Dinah）為代表 7，意指「受審判」。

《新約》的象徵體系

耶穌門徒中的獅子座是「西門」（Simon）。

---

6 天獸界是zodiac（黃道十二宮）在古希臘文中的原意。

7 作者對雅各兒子們的排序不同於一般認知，本書保留作者原意。

處女座

08.23 - 09.23

「聖母馬利亞」

誕生鹽

硫酸鉀

油是「硫酸鉀」結合類蛋白與大氣元素的結果。

在處女座人的有機體中，油是第一個會受到干擾的元素；油的功能中斷，便會造成硫酸鉀的匱乏。

純潔之水

處女意味著純潔。

瑪莉（Mary）、瑪麗（Marie）、瑪兒（Mare）等名，皆意指水。字母M正是水瓶的符號。聖母馬利亞（Virgin Mary）意指純海水或純水。

「耶穌」（Jesus）一詞來自希臘語，意指「魚」。魚，來自純海水或純水，「道成肉身」則是透過女性的身體。

所有物質都來自空氣，空氣是更強力的水。所有物質都是魚，都是基督的本質。

這種本質的含意代表著：「拿去吃吧，這是我的身體；你們喝吧，這是我的血。」

建造血肉的不是別的，正是無所不在的空氣、能量，或是讓人得以存在的靈性。

處女座的誕生鹽

所有實體元素，都是不可見的非實體元素在某種運轉率下的效果。礦物溶於溶液，或效力發揮到極限時，便成為氮氣。

油是「硫酸鉀」結合類蛋白與大氣元素的結果。

在處女座人的有機體中，油是第一個會受到干擾的元素。

油的功能中斷，便會造成硫酸鉀的匱乏。

處女座的人體代表是太陽神經叢與腸子；太陽神經叢是後腦最大的能量接收站，腸子則負責完成食物的化學過程，使其得以被血液吸收。

字母「X」在希伯來文中代表胃部，其十字形意指基督受難，或是變化／蛻變。

處女座的人善於區辨、分析、批判。

經由顯微鏡顯露的事實是，身體健康時，皮膚的七百萬個毛孔會不斷微微冒出蒸氣。硫酸鉀分子不足，會造成組織中的油變得濃稠，堵住這些人體引擎的安全閥，進而使熱氣與分泌物回轉到內部器官、肺部、胸膜、鼻道膜等。

醫學號稱進展飛快，卻無法以「重感冒」以外的稱呼來描述這類化學結果，豈不怪哉？

頭皮與頭髮中含有大量的硫酸鉀。當這種鹽掉到標準值以下時，會造成頭皮屑、出疹、黃色稀油分泌物或脫髮。

硫酸鉀是一種功能絕佳的鹽，在人體製造油的神聖實驗室裡運作，帶來生命化學的奇蹟。

處女座的代表物

處女座是土象星座。

處女座的主宰行星

水星。

處女座的寶石

粉紅碧玉、鋯石。

處女座的星體色

金、黑色。

《聖經》鍊金術

處女座的代表是雅各的十二子「約瑟」（Joseph），意指「增加力量」。

《新約》的象徵體系

處女座對應的耶穌門徒是「巴多羅買」（Bartholomew）。

天秤座

09.23 - 10.23

「腰部」

· 誕生鹽 ·

磷酸鈉

「Libra」在拉丁文中意指天秤或平衡。鈉或磷酸鈉能維持人體內的酸與正常體液的平衡……當前的時代，是世人最需要天秤座鹼性鹽「磷酸鈉」的時候，因為戰爭與開戰的謠傳正在這個生命階段流竄。

天秤座的誕生鹽

「磷酸鈉」這種鹼性細胞鹽，是由骨灰製成，或是由磷酸與碳酸鈉中和的結果。

「Libra」在拉丁文中意指天秤或平衡。鈉或磷酸鈉能維持人體內的酸與正常體液的平衡。

酸是有機的，若將之分解成兩種以上的化學元素，可破壞其化學式，阻止其形成名為酸的化學活動率。

血液、神經、胃與肝臟的液體中，始終有一定分量的酸。之所以出現酸過多的情況，永遠是因為鹼性的天秤座鹽不足的緣故。

在鍊金術知識中，撒旦（土星）代表著酸，基督（海王星）則是象徵著磷酸鈉。

缺乏基督之道，便會給撒旦在耶路撒冷聖殿作亂的理由。

基督到來，才會以皮鞭驅走惡力。

身體是聖靈的殿

《聖經》與《新約》用比喻的手法提到聖殿的時候，永遠都象徵著人類有機體。

「你們豈不知道你們的身體是聖靈的殿嗎？」所羅門聖殿正是男女的肉身比喻。

人的靈魂聖殿，如家屋、教堂、伯特（Beth）**8**或聖殿等，在建造時是沒有「鋸子或錘子」的聲音的。

仇恨、羨慕、批評、忌妒、競爭、自私、戰爭、自殺與謀殺，大多是因為血液中的酸條件，造成了化學毒性與腦細胞發炎的變化，而腦細胞正是靈魂依其奇妙實驗室中的化學分子所安排，演奏「神聖和聲」或「在上帝面前胡作非為」**9**的鑰匙。

金星鹽是和平與愛的媒介。

沒有金星鹽的適當平衡，人就可能「謀反、耍心計、強奪豪取」**10**。

當前的時代，是世人最需要天秤座鹼性鹽的時候，因為戰爭與開戰的謠傳正在這個生命階段流竄。

天秤座的代表物

太陽在九月二十三日進入天秤座，一直待到十月二十三日。

天秤座是風象星座。

天秤座的主宰行星

金星。

天秤座的寶石

鑽石、蛋白石。

天秤座的星體色

黑、深紅、淺藍色。

《聖經》鍊金術

天秤座的代表是雅各的大兒子「流便」（Reuben），意指「見到太陽」。

《新約》的象徵體系

天秤座對應著耶穌門徒「彼得」（Peter）。彼得的名字來自拉丁文「Petra」，意指石或礦物。「我還告訴你，你是彼得，我要把我的教會建造在這磐石上。」這裡的教會意指房屋、身體或聖殿。

8 Beth在希伯來語中意指屋子。

9 語出莎士比亞的《一報還一報》：「但是人，驕傲的人，藉著那麼一點權威，便萬分無知地大放厥詞……在上帝面前胡作非為。」

10 語出莎士比亞的《威尼斯商人》：「內心沒有音樂，對甜美的聲音無動於衷的人，日後很可能謀反，耍心計，強奪豪取……這樣的人不可信賴。」

♏

天蠍座

10.23 - 11.22

「性的顯化」

・誕生鹽・

硫酸鈣

血液中的細胞鹽「硫酸鈣」，是特別契合天蠍座天性的礦物。天然石灰的價值不高，但加水並改變其化學組成後，便能使其轉化為既實用又可用來裝飾的熟石膏。天蠍座人是天生的磁力治療師，而在他通過了逆境的試煉後更是如此，因為水加石灰會產生熱。

性的創造原則

從來沒有領略過「耐心」這門學問的人，並無法理解時間僅是物理意義上的幻影。對他們來說，從蠍子到「白鷹」11的轉變，可以說是一段非常漫長的旅程。

天蠍座代表著人體有機體中的性功能。

性的奧妙含意來自數學，人體是一種數學事實——性（sex）在梵文中意指「六」（six）。「六日創造天地」只是指，所有不須外力便自我存在的物質，皆是透過性原則的運作而創造或組成，性原則就是唯一的原則。

「三」意指男性、代表男性精神的父親，以及兒子；這種三位性形成或構成了「存有」（Being）、能量或生命的極點——正極。

負極，亦即女性的三位性，是指女性、代表女性精神的母親，以及女兒。

因此，這兩種三位性或三位一體產生了「六」或「性」，所有顯化無不源自其運作。

理解這一點的人，就能充分領略《新約》所描述的真理：「除了透過耶穌基督與祂的釘刑，在天下人間，沒有賜下別的名，我們可以靠著得救（獲得實體並延續）。」

藉由追溯基督與釘刑（Cruxify，亦為基督〔Christ〕）的言語根源，就能理解真相的奇妙世界（詳見《神人：道成肉身》）。

天蠍座人一旦通過試煉與磨難（即釘刑），就能展現人生無限的可能性。

天蠍座的誕生鹽

血液中的細胞鹽「硫酸鈣」，是特別契合天蠍座天性的礦物（《聖經》中的「石頭」）。

石膏或硫酸石灰，是天然硫酸鈣。

天然石灰的價值不高，但加水並改變其化學組成後，便能使其轉化為既實用又可用來裝飾的熟石膏。

每個出生於十月二十三日至十一月二十二日的人，都應該好好思考自己的專屬秘石在鍊金術中是如何神奇地運作，進而明白他在前往「白鷹巢」的旅途中，能展現多少可能性。

天蠍座人是天生的磁力治療師，而在他通過了逆境的試煉後更是如此，因為水加石灰會產生熱。

天蠍座是水象星座，由火星主宰。

火星是行動派，有時脾氣火爆；因此，天蠍座的人還是多留意自己的脾氣比較好，以免有時一發不可收拾。

血液中缺少天蠍座鹽硫酸鈣而造成的分子鏈斷裂，正是人們所謂生病的主要原因。

這種失調不僅會導致生理機能生病，也會干擾星液（astral fluids）12與腦細胞灰質，使心智運作變得不協調。

「罪」，意味著匱乏或不足，因此，生命化學上的化學成分不足，就會造成罪。

人類學會以適當的動力來供給自己動能後，就能「以基督的血洗淨自身罪惡」，而那血是以「白石」造成的血。

天然硫酸鈣不可內服。

為了讓黏膜吸收體可以負載，必須按照生化方法磨細石灰鹽，使其縮小到原來的千分之一或十萬分之一。這種方法能使石灰變得像在穀物、蔬果中的分子那般細小。

血液含有三種形式的石灰：

巨蟹座所需的氟化鈣；摩羯座所需的磷酸鈣；天蠍座所需的硫酸鈣。

沒有磨細到千分之一大小的石灰，絕不可內服。

天蠍座的代表物

天蠍座是水象星座。

天蠍座的寶石

黃玉、孔雀石。

天蠍座的星體色

金褐、黑色。

《聖經》鍊金術

天蠍座的代表是雅各的二子「西緬」（Simeon），意指「聽話」。

《新約》的象徵體系

天蠍座對應著耶穌門徒「安德肋」（Andrew），意指創造或揚升。

---

11 在占星學中，天蠍座在人間是蠍子，在天上是白鷹。

12 在神秘學中，星液指存在於星體之間的液體或能量。

射手座

11.22- 12.22

「拿弓箭的人馬」

· 誕生鹽 ·

二氧化矽

神話中，人馬在「日夜敬拜上天（太陽）的天獸界」又名「射手」，手裡拉著弓，箭頭是以燧石、去碳白石或石英打造。

由此便可看出，為何二氧化矽是射手座的誕生鹽。

射手座的誕生鹽

對應射手座的血液礦物鹽或細胞鹽是「二氧化矽」。

同義詞：矽、氧化矽、小白石、普通石英。

化學縮寫為Si。二氧化矽是將天然矽混合碳酸鈉後，放入鹽酸融解、過濾並沉澱。

內服上述產物之前，必須先按照生化過程將其磨細。

這種鹽是人類有機體的外科醫師。

頭髮、皮膚、指甲、骨膜（覆蓋並保護骨頭的膜）、神經膜（又稱神經鞘）中，都含有二氧化矽，骨頭組織中也有一些。

二氧化矽的外科特性，在於它的分子尖銳多角，磨細的分子看起來仍如一片石英。就算被磨成了沒有實感的粉狀，它的分子在顯微鏡下仍會崎嶇不平，像一大塊石英岩。

只要身體有必要藉由化膿過程，將腐爛的有機物逐出身體，那麼，在人類的奇蹟之屋中夜以繼日運作的奇妙智慧，便會派出這些尖銳的分子。

二氧化矽像刺胳針般在表面切出一道切口，讓膿流出。

在生理學或生物學研究的所有記錄中，再也找不出比上帝這番精巧的化學與機械操作更偉大的奇蹟了。

二氧化矽使骨膜強健有力。在癤或疔的病例中，生化學家不會急著找出炭疽桿菌或其他病菌，也不進行異想天開的殺菌血清實驗，而只提供人體自然運作所必須的工具。

神話中，人馬在「日夜敬拜上天（太陽）的天獸界」又名「射手」，手裡拉著弓，箭頭是以燧石、去碳白石或石英打造。

由此便可看出，為何二氧化矽是射手座的誕生鹽。

二氧化矽能讓頭髮與指甲具有光澤。如果沒有這種礦物，玉米桿或小麥、燕麥、大麥的麥稈便無法挺直。

射手座人一般來說敏捷強壯；他們也有先知的洞見，能深深看進未來，並像射手般正中紅心。一位著名占星學家說過：「絕對不要與太陽星座或上升星座在射手座的人打賭，你會破財。」

除此之外，射手座的人也十分善於心靈感應。他能集中心思，想著數里之外的人腦，撥動太空中的氣弦，使微調至大自然諧韻的分子智慧能夠讀到他的訊息。

射手座的代表物

射手座是火象星座。

射手座的主宰行星

木星。

射手座的寶石

紅寶石、綠松石。

射手座的星體色

金、紅、綠色。

《聖經》鍊金術

以雅各的三子「利未」（Levi）為代表，意指「會合或聯合」。

射手座對應著耶穌門徒——亞勒腓（Alpheus）的兒子「雅各伯」（James）。

。✶。✶。✶。

一九一四年八月十九日刊登於《芝加哥晚報》的〈天怒與天降凶兆〉一文，道出了這個重要的事實：「在今日的英國，具現代科學心靈的人仍會說，**我們不能完全摒棄天體運動會影響人類的觀念。**」

摩羯座

12.22- 01.21

「山羊的犧牲」

・誕生鹽・

磷酸鈣

在鍊金術中，「大功業」始於「羊」，終於「白石」——磷酸鈣。生物化學是「匠人所棄的石頭」，為寓言中的那隻羊，提供了一切奧秘與神秘學研究的關鍵。

從「羊」到「白石」

依照猶太卡巴拉的概念，圓形意味著犧牲，將直線拉彎便能形成圓形。因此，為太陽犧牲的十二星座，正是以耶穌十二門徒的犧牲奉獻為象徵。

一個太陽年，有十二個月份的犧牲。

人體十二種功能的犧牲對象，則是人類的血肉聖殿、屋宇或「上帝的教堂」——肉體。

十二種礦物（又稱細胞鹽）則藉由運作與結合犧牲自我，建構細胞組織。

這些活力十足的工人所帶來的動能，形成了化學親和性，即礦物的正極與負極表現。

在卡巴拉思想中，字母g、o、a、t的數值加起來便是十二。

依古老寓言的描述，一隻羊背負著以色列人的罪，走向荒野。

在某些協會的神秘入會儀式中，羊也是主要象徵。

在鍊金術中，「大功業」（Great Work）始於「羊」，終於「白石」。

生物化學是「匠人所棄的石頭」，為寓言中的那隻羊，提供了一切奧秘與神秘學研究的關鍵。

出生在十二月二十二日到十月二十一日的人，深受太陽在摩羯座的影響，而摩羯即山羊。

摩羯座代表著濃厚的商業興趣，即雇用許多勞工的企業集團與聯合組織。

因此，摩羯座象徵著社會的根基與框架，也就是人類利益的共同福祉。

摩羯座的誕生鹽

人類有機體的骨骼，則代表著靈魂聖殿（所羅門聖殿）的基石與框架。

骨骼組織主要由「磷酸鈣」組成。體內缺乏適量的鈣，就無法組成骨骼來形成全身的基礎。

建築物得要先打地基，才立得起結構。

由此可知，「大功業」也得先從「羊」開始。石灰是白色的，所以才稱為「白石」。

在《啟示錄》的第二、七章，便可以發現「白石」的鍊金公式。「得勝的，我必將那隱藏的嗎哪賜給他，並賜他一塊白石，石上寫著新名；除了那領受的以外，沒有人能認識。」

據說，印度深山有一支部族，其僧侶宣稱骨骼會完整記下一個人從生到死的歷程。他們說，骨頭是秘密檔案庫，所以不像血肉那麼容易腐敗。

當磷酸鈣分子掉到標準值以下，骨骼組織往往會出現問題，產生又稱「骨疽」的骨骼腐壞現象。磷酸鈣在白蛋白內作用，會將白蛋白帶進骨骼，做為其建材。

所謂的布萊特氏病（由名為理查・布萊特〔Richard Bright〕的醫師所發現），是因為缺乏磷酸鈣，而使白蛋白溢出腎臟的現象。

當胃酸與膽汁缺乏這種山羊座鹽，未消化的食物就會發酵，膽汁酸也會流入雙腿、手臂或雙手的關節滑液中，往往會造成劇烈的疼痛。

至於人們為什麼要把這種再自然不過的化學運作稱為「風濕病」，那就不得而知。

磷酸鈣不足所造成的無功能白蛋白，會導致出疹子、膿瘡、結核病、黏膜炎及許多所謂的疾病。但我們都要記得，疾病表示不安適，病名不代表任何種類、形狀、尺寸、重量或性質的實體，而是血液缺乏某種物質所造成的效應，唯此而已。

天然磷酸鈣絕不可直接服用，必須依照生化方法磨成十萬分之一的細粒，融入乳糖以利黏膜吸收體負載並帶入循環。

靈魂的孤寂

摩羯座的人心思深沉，經常陷入「靈魂的孤寂」中。

他們善於謀略與計畫，聚沙成塔地朝向目標邁進，而且真心享受自己的理想世界。

就算他們有時話很多，也很少在話中透露自己想像中的仙境——「禁止通行」的標誌永遠會擋住他人前往那座桃花源的路。

摩羯座的代表物

摩羯座是土象星座。

白瑪瑙、月光石。

摩羯座的星體色

石榴紅、褐、銀灰、黑色。

《聖經》鍊金術

摩羯座的代表是雅各的四子「猶大」（Judah），意指「讚頌天主」。

《新約》的象徵體系

摩羯座對應著耶穌門徒「約翰」（John）。

水瓶座

01.21- 02.20

「天堂的人子」

・誕生鹽・

氯化鈉

水瓶座在占星學中象徵著「載水容器」。「氯化鈉」也是一種載水容器，化學上符合水瓶座的黃道帶角度。

請神的寵兒

噢，人類時代！
水瓶座，
使低下的萬物蛻變，

「天堂的人子，
陽光照亮了雙頰。」
我們的旅程漫長疲憊，
充滿痛苦、悲傷與淚水，
但如今我們在你的王國歇息，
迎向未來的歲月。

出生於一月二十一日至二月二十日的人福星高照，水瓶座的嬰兒將長久成為諸神的寵兒。

太陽系進入了「人子的星座」水瓶座，並將留在這裡兩千多年。依據行星繞太陽的規律，太陽在每個太陽年都會經過水瓶座，因此，每年從一月二十一日到二月二十日，我們會接受水瓶座振動的雙重影響。

水瓶座的誕生鹽

科學家相信，含有百分之七十八氮氣的氣體，能發揮礦物的最強效用。

礦物是沉澱的氮氣所組成，可藉由氧與水汽（氫）結合氮的比例來分解。

鈉與氯的結合，構成所謂食鹽的礦物；這種礦物會吸水。水在人類有機體中的循環或散布，是來自氯化鈉分子的化學作用。

天然的鈉無法被黏膜吸收體負載並進入循環。血液中可發現的鈉分子，是來自蔬菜組織，而蔬菜組織是從土壤中汲取高效力的鹽。

礦物或細胞鹽也可藉由生化或順勢療法的方法，製作成大自然實驗室在植物的生理成長中所使用的細微顆粒。接著，將細胞鹽充分混入乳糖，壓製成可隨時內服的藥片，以補充人類有機體的不足。

缺乏適量的基本礦物鹽（共十二種），就會造成所謂的疾病。

食鹽無法進入血液，因為它的顆粒太粗，進不了黏膜吸收體的細管，但它確實能沿著胃腸道散播水分。

水瓶座在占星學中象徵著「載水容器」。氯化鈉也是一種載水容器，化學上符合水瓶座的黃道帶角度。

我們也可以用太陽的「角度」（或天使）一詞來描述，因為血液振動率主要是由出生時的太陽所在位置掌控。

因此，水瓶座的誕生鹽便是「氯化鈉」。

水瓶座的代表物

水瓶座是水象星座。

水瓶座的主宰行星

土星與天王星。

水瓶座的寶石

藍寶石、蛋白石、綠松石。

水瓶座的星體色

藍、粉紅、尼羅河綠色。

《聖經》鍊金術

水瓶座以雅各的五子「但」（Dan）為代表，意指「評判」或「評判者」。

水瓶座對應著耶穌門徒「雅各」（James）。

雙魚座

02.20- 03.21

「優遊於純淨海水的魚」

· 誕生鹽 ·

磷酸鐵

我們知道鐵是磁性礦物，因為它能吸氧。雙魚座手中有龐大的磁力，能成為最佳磁力治療師。

魚的奧妙含意

幾乎人人都知道「Pisces」意指魚，但很少人知道魚的奧妙含意。

魚的希臘文是「Ichthus」，希臘學者宣稱它代表著「來自海洋的物質」。

「耶穌」一詞來自希臘文中的「魚」，瑪莉、瑪兒則意指「水」，由此可知，代表純海水的聖母馬利亞是如何孕育出耶穌或魚。

宇宙中的兩大成分——精神與物質——以耶穌與聖母為代表，由此生出了兩者的象徵或寓言。

從地球的觀點來看，我們說太陽在二月二十日進入雙魚座，待到三月二十一日才離開。

太陽的這個位置給了出生於雙魚座的人和善、有愛心的天性，他勤勉而有條不紊，重邏輯與數學性；能同情他人的苦難，態度親切。

雙魚座的誕生鹽

在《聖經》鍊金術中，雙魚座的代表是雅各的六子拿弗他利（Naphthali，意指「上帝的角力」）。雙魚座的人會因為無法幫助朋友或陷入麻煩的人，而心急如焚。

「磷酸鐵」是人類血液與組織的細胞鹽之一。這種礦物具有親氧性，氧會在這種無機鹽的化學力下被帶入循環，周遊整個有機體。

雙腳是身體的根基。鐵則是血液的根基。雙魚座的人所生的疾病，大多從顯示血中鐵分子不足的症狀開始。

由此可知，出生於二月二十日至三月二十一日的人，消耗的鐵比其他星座的人更多。

我們知道鐵是磁性礦物，因為它能吸氧。雙魚座手中有龐大的磁力，能成為最佳磁力治療師。

人要健康，血液中就要有適量的磷酸鐵。缺乏這些鐵載體的話，血液循環會加快，才能以少量的鐵傳送足夠的氧到全身的末梢部位。一旦血液流動變快，就會造成摩擦，結果就是生熱。為何將這種發熱現象稱為「發燒」，我們不得而知，也許是因為「發燒」（fever）一詞來自拉丁文中的「fevre」，意指「熬煮」，但我看不出缺少磷酸鐵與「熬煮」之間有何關聯。

要以磷酸鐵做為血液的療方，就必須以生化方法將之磨細後加入乳糖，使其成為千分之一或十萬分之一的細粒，以利黏膜吸收體負載並帶入血液。天然的鐵，如酊劑等，是無法進入循環的，最終會隨著糞便排出，且往往對腸胃黏膜有害。

雙魚座的代表物

雙魚座是水象星座。

雙魚座的主宰行星

木星。

雙魚座的寶石

橄欖石、粉貝、月光石。

雙魚座的星體色

白、粉紅、翡翠綠、黑色。

《聖經》鍊金術

雙魚座的代表是雅各的六子「拿弗他利」，意指「上帝的角力」。

《新約》的象徵體系

雙魚座對應著耶穌門徒「腓力」（Philip）。

《創世紀》三十五章描述過便雅憫（Benjamin）誕生的奇妙寓言，他是雅各的十三子。

諸天述說神的榮耀；
穹蒼傳揚他的手段。
這日到那日發出言語；
這夜到那夜傳出知識。
無言無語，也無聲音可聽。
它的量帶通遍天下，它的言語傳到地極。
神在其間為太陽安設帳幕；
太陽如同新郎出洞房，又如勇士歡然奔路。

它從天這邊出來，繞到天那邊，

沒有一物被隱藏不得它的熱氣。

——《詩篇》（19；1-6）

PART

III

最偉大的
智慧大師

他耗盡一生探尋的，
就是萬物最偉大的秘密。
那秘密沒有對人類隱藏，
而是人類自己把它藏起來了……

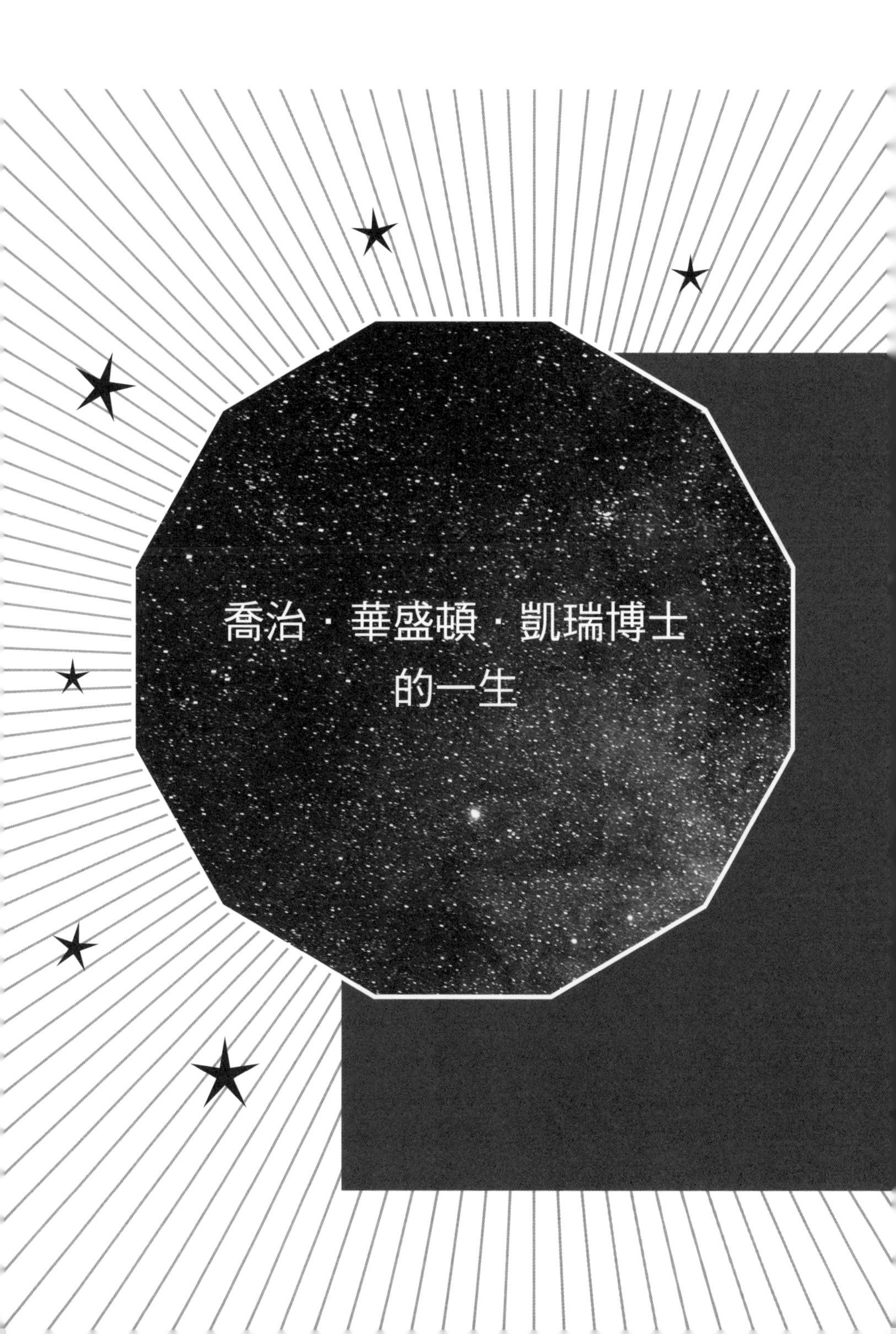
喬治・華盛頓・凱瑞博士
的一生

那秘密並沒有對人類隱藏，而是人類自己把它藏了起來。

一八四五年九月七日，喬治・華盛頓・凱瑞博士出生於美國伊利諾州迪克森市的一個大家庭。

父親名為約翰・凱瑞（John Carey），是美國第六任總統約翰・昆西・亞當斯（John Quincy Adams）的姪孫。至於母親那一邊的親戚，他的外公在獨立革命期間曾經跟隨馬里安將軍（General Marion）作戰。凱瑞博士的母親名為露絲．歐黛兒（Ruth Odell）。凱瑞在一歲半左右隨全家離開伊利諾州，搭乘篷車奔波六個月後來到奧勒岡州。電影《篷車隊》對那段旅程有極為寫實的呈現，凱瑞十分欣賞那部片。

喬治．凱瑞接受的學校教育不多，但雙親皆有合格的知識背景，能擔負他的基本教育。他的父親以充分體現愛爾蘭機智的詼諧詩而聞名。

兒時的喬治．凱瑞十分孱弱，雙親一度懷疑他能否活到成年。早年，他都在農場中生活，夜晚則以音樂自娛，後來成為村裡的樂隊隊長。

四十多歲時，喬治．凱瑞成為華盛頓州雅基馬郡（Yakima）第一任郵政局長，並歷經數個任期。他在領略生物化學的奧妙後辭職，轉而投入於鑽研這門學問。

凱瑞博士聯合多位醫師在雅基馬郡成立生物化學學院，有數名學生註冊並畢業，其中幾位是創辦人本身；但因為當時世人對生物化學的興趣不高，不久就因缺乏支持而廢校。

查普曼博士（Dr. Chapman）也是修課學生之一，他日後出版的生物化學著作，始終是家喻戶曉的暢銷書。

時至今日，這門科學已經在世人面前發光，發展突飛猛進。中西部許多州的學校實際展開了生物化學的教學，人們扶老攜幼地來學習如何補充血液的不足。在先驅們咬牙撐過多年的篳路藍縷之後，這門科學如今已是聲名鵲起，廣獲認可。

我相信，從一九二八年起，洛杉磯折衷學院或脊骨神經醫學便將生物化學加入了課程。

。✶。✶。✶。

人們大多未意識到生物化學是一種古梵文科學。那種循環又回來了，而它乘浪而起。

凱瑞博士執筆的《醫學的生物化學系統》第一版時，一群印度的生物化學醫師便在《健康雜誌》上表示認可，他們評論道：「我們很高興見到有一位西方兄弟正協助帶回古代的生物化學。」

如今，上面提到的那本著作，已經出到第二十三版。

多年前，凱瑞博士寫下這篇論文時，自己還負擔不起出版費用，便將版權賣給了聖路易市的盧伊提斯藥品公司（Luyties Pharmacal Company）。該公司的創辦人、年老的盧伊提斯博士，偕同布里奇博士（Dr. Boericke），在德國奧爾登堡訪問了生物化學的創始人舒斯勒博士，學到了製作細胞鹽或血液中的礦物成分的方法，並引進美國。

凱瑞博士於一九二四年逝世之後，亞瑟．派瑞（Arthur Perry）博士重新編輯了最後一版的《醫學的生物化學系統》，從此之後，這本書便失去了過往的親和力。

凱瑞博士是一個求知者，他在這類人所會遇見的那種奇異且罕見的片刻，賦予每個星座個別化學成分或細胞鹽（鹽是「土」的一種古稱），並寫下《十二星座生命之鹽》，成為本世紀最獨一無二、最寶貴的著作。

抄襲這本著作的人多到令人遺憾，而且這群抄襲者從未提到凱瑞博士才是那個成大業的作者。最近，一本芝加哥雜誌的一則廣告中，文案逐字抄自他的文章，對他的名字卻隻字未提，連以引號表示是引述都沒有。

凱瑞博士從未擁有其著作的版權，但這不能當作不標明出處的藉口。熟悉《醫學的生物化學系統》的人，會感覺凱瑞博士大幅改進了舒斯勒體系的應用方式。

隨著相關資料日益增加，對生物化學這門珍貴的科學還會出現更進一步的貢獻。如《聖經》所言：「萬事皆美事。」一直到我們認識那些美事是什麼，並懂得如何運用之後，才能冀望人類達到那種盡善盡美的狀態。

凱瑞博士投入生物化學研究數年後，編纂了一本小型雜誌專門談論這個主題，其中也收錄了他所寫的幽默文章與詩歌。《寰宇化學》的不凡詩歌與科學性文章，贏得了許多讀者的讚賞。其中一篇特別珍貴的文章也名為〈寰宇化學〉，描述萬物所源起、最終也將回歸的那個普遍的實在（esse）。

凱瑞博士提出的解釋深入淺出，既有趣又富教育性，因為他提出的事實有真理為據，說明了在某個特定時刻衝擊（和無線電波一樣）人腦的宇宙心智或星球振動，會使精神電力以某種方式銘印在如蠟般的人類細胞上。他的觀點就是從特定的相關主題中產生。

他就是以這樣寓教於樂的方式，激起大眾的興趣，可以說是放下了身段，以能吸引廣大讀者、「朗朗上口」的淺白口語，表現出偉大的真理，但這一切背後的道理，仍僅有少數知音能理解。

凱瑞博士不僅對生命的化學奧秘很有興趣，富於探索精神的他，也亟欲揭露世上最偉大的真理——

肉體再生與靈性開悟，以及達到這種狀態的必要計畫或過程。

他深受希拉姆．巴特勒（Hiram Butler）的理論所吸引，開始進行研究。

最後他發現，上帝、上帝的話、種籽、魚、耶穌、後代等詞彙，其實是同義的，從語源來理解就能打開其內在奧秘之門。

他發現，實在（esse），也就是存有的本質、生命精華——換言之，就是腦部或生命物質——是一種種籽原生質，存在於每個人身上。

人人終究都必須窮盡畢生之力來成就大功業，才能使生命物質純淨圓滿，成為基督或聖油。

凱瑞博士年逾古稀後，才突然了悟這一切的意義，於是勇敢地將自己的所知呈現給世人。晚年的他發現，他耗盡一生探尋的，就是萬物最偉大的秘密。

那秘密並沒有對人類隱藏，而是人類自己把它藏了起來，因為他們沒有領悟那個真理的靈性。

因此，他終於踏上了返家的天梯，回歸上帝或善。

每個人終究都會來到發現那段天梯並踏上歸途的那一天，然後就必須拾級而上。字面上，那意味著你必須努力「變成」基督徒，成為自我的新存有。

成為基督徒，不表示得要相信「人一定要被一群暴徒殺害，才能洗淨一身罪惡」。這麼說完全是鬼扯，因為如此一來，因果法則就不再存在，也完全牴觸了我們必須「尋求自身救贖」的宣言。

我們確實必須自尋出路，因為在生理和精神上，我們都得經歷這段過程，在道德上也是如此。

要爬上巔峰，不只要花一輩子，更要歷經許多轉世，原因很簡單，因為人生苦短，而這項任務太艱鉅。

《聖經》有云：「**真理必叫你們得以自由。**」確實，真理能使人脫離痛苦、疾病、悲傷、死亡，因為真正的死亡是「要征服的最後一個敵人」。

除了意外事故，死亡是疾病（dis-ease，不安適）的結果，是血液中的化學成分不協調，導致細胞飢渴的後果。

因此，如果充分知曉如何維持生命，便能克服死亡。當無知之鏈一節節地掉落，最後我們必將獲得自由。

《生命樹》提出了奧秘生理學的相關資訊，是凱瑞博士首次嘗試說明贖罪與得救的過程。

這本書讓我得以首度一窺《聖經》與其他奧秘著作的真正本質。

我領悟到，這些聖典是關於人類的科學事實大全，涉及生理學、解剖學、化學、形上學。後來，我開始接觸奧秘占星學後，意會到這門高貴的科學是集一切之大成。我發現它是貨真價實的事實寶庫，因此深入探索，直到此刻仍在挖掘這座金脈。

。✶。✶。✶。

凱瑞博士在他七十二歲那年，建議與我結為商業夥伴，我接受並為此付出。我倆的興趣一致，也將完全秉持這一條路線。

一九二三年起，洛杉磯辦公室的工作由我接管，他則前往澳洲，計畫在那裡待一段日子。

然而，疲累的長途旅行與對新領域的苦心鑽研，超出了他的負荷。他的工作計畫太滿，演講太多，他感覺自己一刻也不能浪費，一定要馬不停蹄地昭告世人那偉大的訊息，人類亟需這些訊息，但時間卻如此短促。

此時的他已經年近八十歲，時間對他來說太倉促了，對於尚未有更高領悟的其他人來說，時間也顯得不夠——地球即將再度歷經重大變化，太陽系正一步步接近水瓶座。太陽系要通過所謂的水瓶座時代或人子時代，需要兩千一百六十年。人類必須開始仰望，因為這振動將使他們不得不朝上望。心智會開始拓展，人類終於要踏出關鍵的一步，滌淨自身的獸性，展現完完全全的人性。

然後，人類便能與大自然合作，而非違抗大自然，使地球的面貌為之一新。**「屆時會有一個新天新地」**。

凱瑞博士與我合力修訂並擴充《生命樹》，並以共同作者的身分出版了《神人：道成肉身》，書中的一張大生理學圖表，提出了許多神秘生理學的數據，並指出七大神經核心或脈輪的位置，對應著亞細亞的七個教會。這本著作出到第三版，目前絕版中，正在等待大量新資料的添加與完稿。

凱瑞博士還出版了另外兩本書，分別是《生命化學》與《人體的化學與奇蹟》。他從澳洲回到美國後，到聖地牙哥演講，接著在一九二四年十一月十七日，他步出了肉身。後人依其遺願將他火化，由他服役過的美國大軍團舉行告別式。

。✶。✶。✶。

「為何細胞食糧和他對肉體再生的信仰，沒有讓他活久一點？」

對於提出這類問題的人，我會回說答案早就在那裡了。

他到年逾七十以後，才發現肉體再生的關鍵。這段發現過程所需耗費的不僅是一輩子、一次轉世，而是許多世。只有不熟悉這個主題的人，才會提出上述問題。

就從以下這一點來看吧！

他年幼時是如此體弱多病，最後活得卻比當時的一般人長久。他時時刻刻埋首工作，古稀之年的他，比平均五十歲的人還更忙碌，直到最後一刻還在奔波各地演講。

凱瑞博士屬於才思敏捷的人，出生時水星與太陽皆在處女座，所以富批判性與分析能力。

演講的時候，他會以驚人的相關事實來大力破除迷信，沒有解釋，僅以他的水星之翼翱翔得又高又遠。休息片刻之後，又再度揮舞那把真理大刀，讓聽眾目瞪口呆；他會留待他們自行填補空白，只不過，能做到的人少之又少。

他飛入了孕育事實的精神蒼穹，只是曲高和寡，注定是孤獨的旅程。他是徹頭徹尾的科學腦，除了事實什麼也容不下，也要求他人必須提出事實。

四十歲出頭的時候，他戒了菸，也不再沾任何一滴酒，因為他意會到菸酒不利於脆弱的身體組織、薄膜與腺體，而這些都是《聖經》中所說的「上帝的聖殿」。

在這一世，他已盡力運用並理解自己接觸到的真相。

。✶。✶。✶。

美國各地有許多人都告訴我，凱瑞博士在書寫與演講中提出的資訊，為他們打開了全新的人生視野，他們為此祝福他。

我們也祝福他，並將我們的謝意傳達給在不可見的界域等候著的他。

待時機成熟，而且產生必要的振動，使他重新降生為實體的星相到來之際，但願他再度化為肉身，前來繼續他深愛的工作。

願他的靈魂安息！

ADVENT SEPT. 7, 1845

Faithfully Yours.
George W. Carey.

生化界「聖喬治」的誕生

他來此屠龍，跨過時間橋樑；
為了找出生命的化學物質，混融出無上的威力，
為了解開地球的關鍵秘密，面對著革命的風雲，
攀登最高天堂，
以要求長生不老！

時間：一八四五年九月七日，下午四時四十五分
聖喬治降生人世

那是九月七日，一八四五年，
天上眾星生氣勃勃，
月神端坐天蠍座，日神沐浴著處女座的光輝，
金星在兩者之間升起，在天秤座中綻放光芒。

月神說：
「聽著，金星！雖然我們是八分相，
但你我可以送一個罕見的靈魂去地球；
那顆黑暗之星的頻率亂了，需要一個強大、覺醒的靈魂，
如同你這藝術之后漂亮掌控的那類靈魂！
我們今天就送他到地球吧！就是今天，機會不再——

他們說九月之人是人生的鍊金師！

一位天才啊，金星，請妳從妳的密宮聆聽，

那處女之地的天才必會執科學牛耳。」

愛神回答：

「我明白，但妳看看——

天王星呈對立相，多傷人的心！

他那一宮即將升起，所以，上天啊！我們要怎麼辦？

送一位天才去無妨，但，噢！要送他走哪一條路比較好？」

「別擔心那天才。」月神微笑道：「讓他走上最熾熱的地獄吧！

他會微笑堅定地向前行，宣稱一切安好！

我已經挑好人選，他有一顆黃金之心，擁有強大的生命力，

適當的時刻一到，我們就送那靈魂上路吧！」

但金星仍猶豫不決。「但水星怎麼說？

他在自己的夜宮，妳看見了嗎？

他所有的力量都很黯淡！

木星也反對啊！妳瞧。」

「別慌。」月神說：「水星就緊跟在老日神身後，

在信使所在的第七宮！

至於木星，我當然希望他首肯，
但如果他不願意，那不久後他可要皺眉了；
我們在第三宮搞定他，讓他成為心胸最寬大的人，
富於遠見的天父，眾神的至高領袖！」13

「但月神啊！妳覺得妥當嗎？天龍正歇息著，
龍頭好好安放在宗教宮；
龍尾朝下伸入低階心智，噢，今天這威力多強啊！
但這聖喬治會上前屠殺這天獸！」
遠方傳來渾厚的低吼，穿過天體所在，
金星靠近月神，因恐懼而尋求安慰。

「噓！要是讓土星那老頑固聽見了，他會拖垮計畫，
無所不用其極地讓一切沒入陰影的！」
「土星和他的陰影都會遭逢虧蝕。」月神嘲笑著說：
「讓火星與海王星在第一宮主導星相，
反正違抗他們的天王星，還是會跳過所有柵欄，
為我倆辯駁，將鑽研星辰的學子帶進地球！」
「他才是歷來水瓶座的真正主宰，
所以我們何必在乎土星的寒氣，或火星的惡意嘲弄？
我相信，他會將一位聖喬治帶往地球，
揮舞威力無窮的火劍，
掃蕩世上一切陋習！」

聽！一陣彷若開戰的騷動迅速傳遍銀河，

所有星體都聽到了這個小計畫；

「我們不會讓這叛徒被釋放到地球上。」他們抗議道：

「我們不容許這樣的叛變。人必須謹守天條！」

他們憶起自己幫助過的諸多生命，他們回顧過往的時代，

然後，他們鄭重發誓，不再為這類事端揹鍋，

這翻騰的生命坩堝如今正形塑著星盤！

「我們呈三分相；我們對衝；我們合相；我們交會成各種角度；

我們形成讓人類靈魂困惑的種種相位；

但如果他又降生地球，我們的力量就鞭長莫及了！

因為要達到那種相位，我們就必須平均出力！」

接著，所有星球逆行，一個個倒退著走，
努力逃脫業力之神的所作所為。
但不論逆行與否，出口的話已撼動了地球，
哎呀，（地球金童）來到了出生的那一刻！

自此之後，星君們加持他的星盤，
臉對著他，倒退著走，不抱希望，
因為他不甩傳統理論，不服陳腔濫調，
提倡新時代的永恆觀，公然反抗眾星！
他來此屠龍，跨過時間橋樑；
為了找出生命的化學物質，混融出無上的威力，

為了解開地球的關鍵秘密，面對著革命的風雲，

攀登最高天堂，以要求長生不老！

——伊迪絲．F．A．佩恩頓（EDITH F. A. U. PAINTON）

加州洛杉磯，一九一六年二月十九日

（註：資深占星家們，尤其是美國占星會，將對佩恩頓女士永誌不忘。）

---

13 木星即Jupiter（朱庇特），在羅馬神話中是眾神之王，地位相當於希臘神話中的宙斯。

特別收錄

「凱瑞博士的詩」

我們揭下面紗，
我們不再流淚，
我們贖回了「聖杯」。

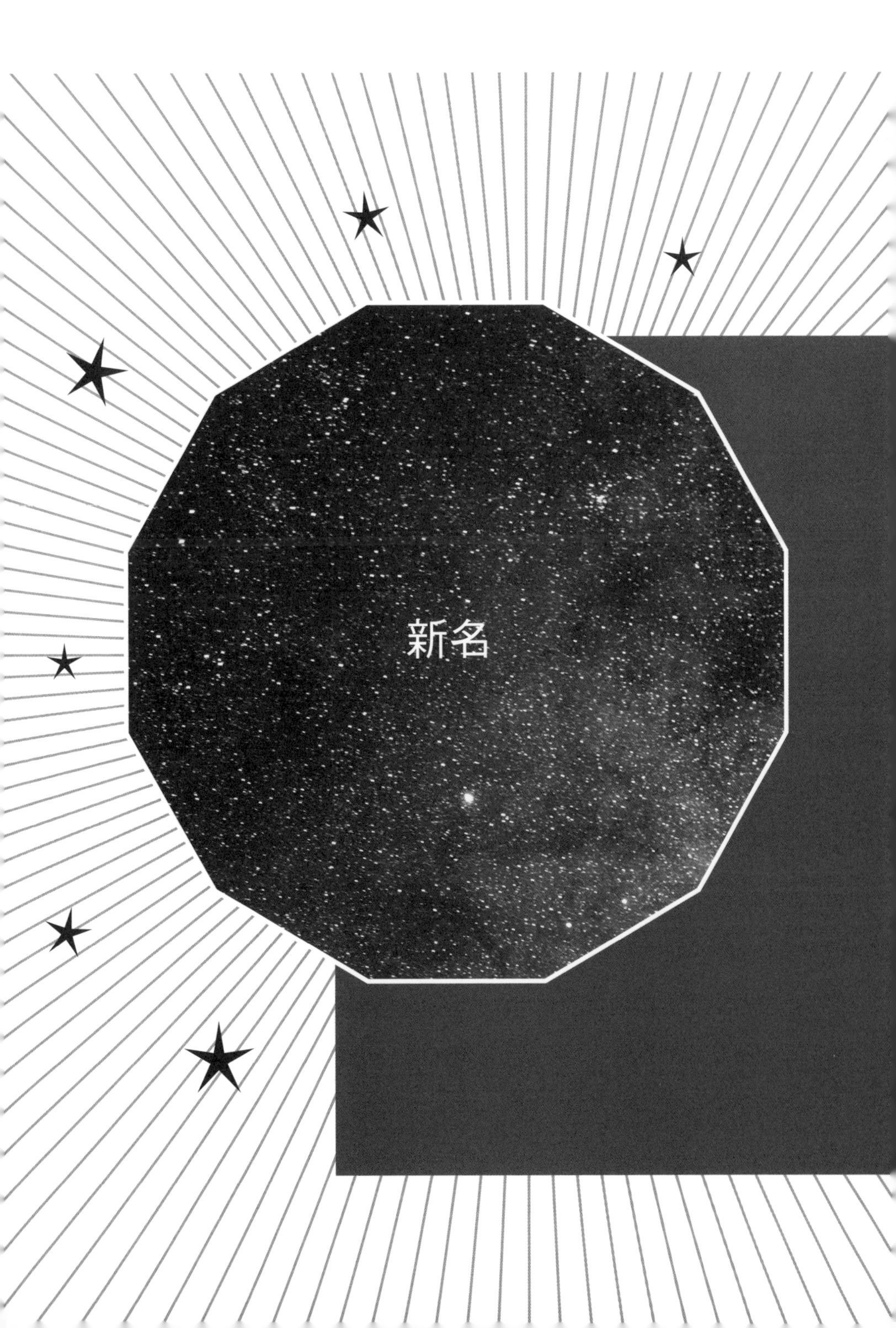
新名

「我又要將我神的名和我神城的名，並我的新名，都寫在他上面。」

——《啟示錄》

人奮力探求陽光，

掙脫沼地與泥濘，

歷經戰爭與叢林，

時而學著祈禱——

有時是持權杖的國王，

有時是揹重物的奴隸，

有人稱之為業力，

有人稱之為上帝。

一是衣衫襤褸的飢餓乞丐，
一是紫金袍加身的貴公子，
一是金光閃閃的華宮，
一是樸素古老的村屋——
有人的希望剛綻放便枯萎，
有人則能收穫成熟的豆莢——
有人稱之為命運，
有人稱之為上帝。

閃爍的水面與浪花，
遠在海平面的邊緣，

點點白帆與海鷗在閃光中，
遠颺到視線不及之處，
繪有靈性榮耀的貝殼，
接受海草的召喚與致意——
有人稱之為海洋，
有人稱之為上帝。

教堂與華樓拔地而起，
塔尖高高指向太陽，
神像、祭壇、拱門，
那敬跪修行的所在——

風琴響起莊嚴的聖歌，
真誠的信徒緩步而行——
有人稱之為迷信，
有人稱之為上帝。

美與光輝的景象，
絕跡已久的種族形象，
臉與人聲的聲音，
從第四度空間
穿過無垠的宇宙，
我們的思維靈光一閃——

有人稱之為想像力，
有人稱之為上帝。

酸鹼發揮作用，
前進並再度活動，
運作、轉化、激盪，
在痛苦的掙扎與痙攣中——
結合、反應、創造，
如靈魂「從杖下經過」——
有人稱之為化學，
有人稱之為上帝。

以太物質的振動，
使光穿透各空間區域，
一圈莫名之物包圍著
將人類緊繫在一起——
不用線路即可傳送字句，
「亞列爾」（Ariel）——展翅並腳踏靈力——
有人稱之為電力，
有人稱之為上帝。

地球獲得救贖，展現榮耀，
受內在的天堂照耀，

人與天使面對面，
從未生出罪念——
獅與羊肩並肩，
置身增添草香的花叢——
有人稱之為兄弟情誼，
有人稱之為上帝。

如今第六感開通了，
我們揭下面紗，
我們不再流浪，
我們贖回了「聖杯」，

歷經生命的所有波瀾起伏，
沿著所有未來的新路徑，
我們僅承認那唯一的力量——
永恆存在、無所不能的上帝。

（註：許多人要求一睹凱瑞博士這首廣受讚譽的詩，將之收入本書，相信能獲得舊雨新知欣賞。）

有人稱之為化學，

有人稱之為上帝。